Don't Make a Problem of Anything:
Discussions with J. Krishnamurti

切勿，庸人自扰之
——与吉度·克里希那穆提的对话

克里希那穆提 著　董悦 译

JIDDU KRISHNAMURTI

华东师范大学出版社

华东师范大学出版社六点分社　策划

目　录

导　语

　　1929 年，克里希那穆提解散世界明星社，标志着他从此脱离一切灵性组织和信仰体系。他向世人阐明了自己的使命：使人类彻底地、无条件地得到解脱。不管他身在哪里，去往何处，这一使命都能实现，不因时间的流逝和环境的变迁而衰退。事实上，随着克的年事渐高，这一使命汇聚了一股新的力量和发展势头。克在不同的场合，用不同的话一再表达他的主旨：他，作为一个导师，这不重要；他所创办的学校，这也不重要；甚至他给世界留下的物质遗产比如他的书和讲话录音带，也不那么重要。对于那些蜂拥而至，来聆听他的演说、读他的书、加入到他所创办的学校的人来说，也许克最希望他们做的，就是活出教诲的真谛，而不是停留在教诲表面的字句上。

　　1982 年，克里希那穆提来到印度，他给自己的演说和讨论排了一个满满的日程表。在结束了加尔各答的四场公开演讲之后，他赶往自己所创办的第一所学校——瑞希山谷学校，随后又去了 Vasanta Vihar ［克里希那穆提最重要的一个学习中心]，那里是他的家，也是他在马德拉斯公开演讲的一个地点。他想把 Vasanta Vihar 变成认真求索者的学习中心。在这两个地方，克把与自己关系密切的同伴、他所创办的学校的工作人员以及其他对他的教诲感兴趣的人召集到一起，交谈讨论，就是后来所谓的"核心团体的讨论"。

在讨论的最初，克里希那穆提特别强调了一点：他所设想的核心团体不是一个封闭或秘密的组织机构，相反，这个机构的大门向任何"对教诲和人类怀有责任感"的人敞开。在明确地说到"责任"的含义时，克问："是否有一群人完全地致力于这件事，不是投身于这个学校，也不是成为某一学科的专家，而是投入这件事？……这件事就是我们能否自发形成一个团体，这个团体不是作为克的信徒，不是作为某种思想、理论或观念的追随者，而是仅仅单纯地去践行，去真真正正地学习教诲、活在教诲中，积极追求教诲并在教诲中走向成熟？"这是一种永恒的教诲，而绝不是我克里希那穆提的教诲。

特别值得一提的是，在马德拉斯的前两次讨论中，最有代表性的就是两种思维的经典对立：一种是受限的思维，它把人生看作一个待解决的大问题；另一种就是不受限的思维，它随着人生的波流自由流动。在这两场时间较长的讨论中，克深入地探讨了"人生的问题"。在这个过程中，他道出了所谓"专业人士"和"普通人"之间一个有趣的差别。

他问道，我们是否先将自己看作专业人士，然后才是一个普通人？他指出，教育培养人们从童年就开始向专业方向发展，我们的大脑被训练去解决各种实际的和智力的问题，因而我们的头脑就形成了一种解决问题的定式思维，而这种思想状态也延伸到心理层面、人际关系和情感的领域。这种解决问题的思维有一个最本质特点，就是无法将自身视作问题的源头所在，因而问题就永远没有一个终点。在不同的情境下，克通过一系列的举例，分析这种解决问题的思维，让问题一次次地回归到人对思想自由的探求中，并充满激情地、一语道出了他的见解："切勿，庸人自扰。我想知道你们是否把这一点深深融入了血液里？"

尽管克谈话的对象大部分是他所创办的学校里的老师，但实际上每个人都能从他的话语中得到启示：有志于新式教育的人、学生家长、研究吠檀多或佛教的学者、心理学家、芸芸大众，还有宗教追求者……

K K

序　言

克的两段声明[①]

在这样一个不断快速恶化、已经毁得千疮百孔的世界里，我们感觉有必要在黑暗中寻找像拉加哈特、瑞希山谷、班加罗尔和马德拉斯这样的地方。在这些地方，有一些人用他们看似荒谬的言行，彻底摆脱了一切国家、政治和宗教组织的束缚。这些人组成的团体致力于成为新的生活方式的中心，他们关心的不是自我救赎的问题，而是全人类，为此，他们必须一方面教授教诲，另一方面学习教诲。并非停留在智力层面，他们必须更深层次地去学习、理解教诲及其在日常生活中的含义，他们必须完完全全地沉浸其中，也会成为传授教诲的老师。

要做到这一点，就需要巨大的责任感。有了责任感，就意味着自我满足或自我表现已没有意义，因为真正的责任感能清扫一切自我的行为。责任感还意味着合作，这种合作不

[①]　克里希那穆提将这两段声明题献给他的伙伴 Sunanda Patwardhan 女士。

是为了某项事业、某个人或是某种理想，而是出于一种合作精神的付出，而这正是我们国家迫切需要的一种精神。当一个人理解了合作的最深层含义，他也就知道了什么时候不用合作。

像这样的人在这些学校里只是一小部分，他们也许不想参加学校的日常活动，但是如果想的话，他们也会像别人那样正常去做。从本质上说，这个团体的核心是由那些没有上下等级观念的人构成的。他们一心把教诲发扬光大，也许就住在校园或是属于克基金会的某一处地方。他们也许会成为作家，走出学校谈论他们对人生和教诲的理解，又或者他们什么也不会做。

从根本上说，这些团体理解了自由的本质这一非常复杂的东西。自由不是一个人想做什么或渴望做什么，而拥有这些想法的人实际上代表了全人类，他们对自由所抱持的特殊而狭隘的理解是站不住脚的。自由意味着责任感，一个自由的人生活在完善的秩序中，这种完善不仅仅是外在的完善，最重要的还是他内心的秩序井然。不是像一群僧人以各种方式遁迹空门，而是自发地走到一起，因为这些教诲对他们来说都很重要。如果他们明白了这一切，那么这些地方就是黑暗世界的光明中心，这不仅仅是一种修辞比喻，也是这个团体的作用：给他们自己，也给人类带来光明。

因为没有任何规则、规定或格言来说明什么是顺从、屈服或接受，所以，这些人都是自由的人，他们为了教诲，为了在教诲中变得成熟而走到一起。

发扬教诲并不是说要重复克所说的每一句话，而是真正活出教诲的本质。因为你已经充分地调查和探索了教诲的深度和真理，所以这就是你自己的教诲，而不是别人的教诲。请务必记住，这个团体不一定是一个独身主义团体，在这里的人可以结婚、生子，而那些孩子也将和他们的父母一样，一定都能成为未来的人。

这不是一个封闭的组织，也不是某种精英团体。任何人，不管你身在哪里，只要在我们国家的不同地方能传递这样一种核心精神，这里的大门就随时为你敞开。为了能真正传递一种核心精神，一定要具备最深沉的、毋庸置疑和不可估量的诚实、正直和谦卑等品质。

瑞希山谷学校

1982 年 12 月 5 日

这个团体一定要从智慧等各个方面完完全全地潜心于教诲中，他们既要学习教诲，也要教授教诲，而不仅仅只是克的追随者。

作为教诲的教授者和追随者，他们一定要能在不求助我的情况下回答任何问题。这就是为什么说他们既要教授教诲，也要学习教诲。

虽然你们既教授教诲，也学习教诲，但你们不会成为权威。教和学永无止境，这其中不掺杂半点虚荣之心。

加尔各答

1982 年 11 月 24 日

在瑞希山谷学校的讨论

1. 致力于教诲的核心群体

　　是否有一群潜心于教诲的人？——他们不是追随克这个人，而是形成一个并非信徒的核心团体，来学习这些教诲。／但它不是一个封闭或秘密的团体。这么一个团体有哪些智力上的、美的品质？／他们对教诲、对人有一种责任感，因为教诲涵盖了人生活的全部。／你与世界是什么关系？／这本身就是一个错误的问题，因为你就是整个世界。

　　克里希那穆提（以下简称"克"）：先生们，从贝拿勒斯的拉加哈特开始，我们就在问这样一个问题：是否有这么一群人，他们的使命不在学校，不在于教授某一特定学科，而是完全致力于克所说的话，或者致力于克的教诲，请容许我用"教诲"这个词。"教诲"一词听上去有些浮夸，但也许正是一个合适的词。我们想知道，是否有这么一群人，他们所致力的是这些教诲，而不是这个人，不是这个人的某种观念或形象，而是他所说的话。这个人本身并不重要，我说这话是很认真的，不只是口头上说说而已。教诲很重要，那么是否有一群人能够完全地、彻底地潜心于教诲，乃至他们既是教授教诲的老师，同时也是教诲的学徒？看看这句话的含义：也就是说，一个人完全地熟悉和通晓教诲，将其彻底地融会贯通。教诲已经融入了他们的血液，而不仅仅停留在这里（克指着自己的头）。他们一方面教授教诲，另一方面自己也学习教诲，所以说他们既是老师，也是学生。关于这一点我接下来还会做进一步的解释说明。如果我没记错的话，在拉加哈特时大约有四五个人说过："我们会坚持这样去做。"在那整整一周的时间里，我们每天都在探讨这种做法究竟意味着什么。

同样，在英国的布洛克伍德，我们也进行着这样的探讨。这个占地 40 英亩的学校，绿树成荫，非常美丽。在英国，绿色随处可见，因为这里一年有长达 4 个月的雨季。而就在这 40 英亩地的附近，有个人拥有 1000 英亩的土地，那是一片农田，所以什么也建不了。在那里，我们也问了这个问题："是否有这样一群人，他们完全投身于此，不是投身于学校，也不是一心要了解某门学科等等，而是致力于这些教诲？"这样的人大约有六七个，并且我们觉得重要的是，无论在这里，在马德拉斯，还是拉加哈特、班加罗尔，每个地方都应该有这样一群核心的人存在。

我们能否形成这样一个群体，他们并非克的信徒，或是某种思想、理论或观念等等的追随者，而是坚持脚踏实地地学习教诲、践行教诲，在教诲里成熟，并且对它满怀激情？于是这群人可以按照自己的意愿要么教学，要么也可以写作，而无需忙于学校的事务，要么可以走出校园，探讨教诲。因而，这样的一群人具备一种鲜活的品质，而不是墨守成规。我不知道我的阐述是否清楚？

施：教诲是一种感悟，而不仅仅是头脑中的一个观念。

克：从最本质的意义上来讲，这个团体组织是一个真正的静修所，绝不是如今存在的那种腐朽之物。首先我要问你们这个问题：你们是否都致力于教诲？不是将它作为达成其他目的的垫脚石，比如在勒弗戴尔、梅奥学院或伦敦得到一份更好的工作或谋得一份更好的教职，而是形成完全投入其中的一个核心群体。这些人可能会结婚、生子，但他们的孩子会是未来的一代善良的人，因为学校就是培养这些人的地方。曾几何时，这些人誓言独身、削发明志、身着长袍，这种现象在当今的欧洲和印度也存在，而我们并不属于这样一类人。

施：这一点我们非常清楚。

克：非常清楚。我们是一群自由的人，自愿加入，如果我们根本不喜欢，也可自由退出。但是，一旦你加入了这个队伍，你就要用你诚实、正直的品质和谦卑的态度从那里出发。如果任何人想加入到这个核心团体，大门随时为他敞开。这不是一个封闭的机构、秘密的团体。那么我们是否都是这样的人呢？在回答"是"或"不是"之前，先仔细地想一想。我不知道你们是否愿意想明白。这也许很有必要，也许无关紧要。再想一想另一个问题，我们这么一群人有什么一致性？不是指外在的一致性，而是在智力、品德和美等等品质上的一致性？我们是不是睿智的人？这里的睿智指的是拥有一颗能力全面的大脑，而不仅仅局限于某一方面。能力无法通过经验获得，而我们依赖经验，并且从经验中提升能力。情况通常正是如此。我学习工程学，培养了相关的素质，它让我具备了当一名优秀工程师的能力。能力并不是必要的，因为你在生活和不断前行的过程中就会获得能力；但你若苦苦寻求能力，这种能力就成为相当廉价之物。

库：那是一种推理的能力吗？

克：我就要讲到这一点了。有了这样的头脑，你就可以与任何人探讨了，不是吗？

施：拥有一颗开放的头脑。

克：不，是清晰的头脑。

施：无所畏惧。

克：没错，这就是我要讲到的。要拥有敏捷的、能够迅速领悟的头脑，而不要长篇大论地解释和描述等等。你是否具备这样的头脑？不是一颗知识渊博的头脑，明白吗？奥尔德斯·赫胥黎曾告诉我——我想在这里引用他的话，因为这是个很好的例子——他说："我能谈论科学，我能谈论绘画，我能谈论诗歌，我能谈论吠檀多，我还能谈论佛教和印度教。"他是个博闻强识的人。他还说："因为我拥有如此海量的知识，所以我怀疑我能体验到任何原始的东西吗？"你明白我的意思吗？

施：这可真悲哀。

克：这难道不悲哀吗？这就是他为什么要开始接触毒品，比如像 LSD（致幻剂/摇头丸——译者注）和酶斯卡灵（迷幻药——译者注）之类的东西。我们就这个问题聊了一会。你知道我们曾经是好朋友，然后他跟我说："我想找到一些原创的东西。"然而，你的头脑具有原创性吗？那样它才能发现一些原初的东西。而不是用一颗机械重复的头脑。抱歉我在这里要用到这个词——印度人。印度人的头脑就是机械重复的。你同意这一点吗？印度人的阅读量惊人，他们重复着佛陀、商羯罗、奥义书、这个或那个说过的话。所以他们的头脑逐渐变得机械，从而彻底丧失了原创性。

施：思维模式化了。

克：对，模式化了。现在我们在座的一群人必须要有一颗不受思维定式影响的头脑。再深入一点，完全地直面事实，而不去解读事实。

施：完全依照某人的形象来看事实……

克：对，直面事实并不脱离事实。你知道你从事实中得到了什么精髓。我想知道你是否意识到这些问题？你们有这样的头脑吗？我这么问无意冒犯各位，我们已经超越了这一层面。而且我本质上是一个讲礼仪的人，所以请大家理解，我无意干涉你们。但是我们必须深入探讨这个问题。我没有读过像薄伽梵歌和奥义书之类的作品。但我读过《圣经·旧约》全书，了解它的语言。贝赞特（Bessant）博士说过："如果想要有良好的英语水平，你就去读《旧约》全书。"《旧约》中的语言非常简单，完全不同于莎士比亚的作品，语言简单，用词精炼。所以我们可以直接用简单的语言交流，不需要用任何浮夸的词藻或者是专业术语。

现在，我们是否能全心全意地，作为一个群体致力于教诲，并在教诲中成熟起来？不是重复教诲，因为教诲本身不复存在，而是将它发扬光大。这样你们既能教授教诲，同时也学习教诲。这意味着你会抹去一切浮华虚荣，同时也意味着你必须诚实面对你自己，还要有谦卑的精神。如若不然，你就无法学习。你可以为自己辩护，但你无法学习，要有完整性。如果你认真地讲一件事，就不要含糊其辞。你们知道"完整"这个词的意思吗？完整的意思是"完善的整体"。我们是完整的一群人吗？我必须回到这个话题上来，重复这个问题。这是核心群体的要求——我们是一个思想自由的群体。没有任何阶级、任何人告诉你们该做什么，不该做什么，该思考什么，不该思考什么。没有所谓的领导。因为我们既是教诲的教授者，也是其学习者。我们是这样的一群人吗?

R. 尚克尔：关于致力这个问题,我想在此阐明我的一点看法。在上次和这次集会上,你都一直在强调这个特殊的词:致力。现在我个人觉得,任何致力于克范畴内教诲的人亦可超然于教诲之上。

克：超然?

R. 尚克尔：对,他有一种超然的精神。

克：询问它,质疑它,探讨它,将它撕成碎片。

R. 尚克尔：所以这就是我的问题:今天一个人说他致力于教诲,但是在之后的 20 年里会发生一些不同寻常的事,比如,他可能会精神崩溃。

克：当然有这种可能,精神崩溃。没错,有这个可能。

R. 尚克尔：所以说,只宣称我致力于教诲是不够的。

克：当然不够。哦天哪!你说得太对了。这是很不够的。我们先忘掉"致力"这个词,"奉献"这个词恰当吗?

R. 尚克尔：也未必恰当。

克：好吧。我们换个词。有这么一群人,他们积极参与、关心并对社会充满责任感,感知这个世界,熟悉当今发生的事情,感觉自己作为世界的一部分,充满了责任感,你们会用什么词来形容他们? 责任感在这里指的是他们发自内心去做一些事,是身体力行,而不是坐而论道,在那里说些"对,这是一场可怕的战争"等之类的话。所以,你们能接受"责任"这个词并理解它的内涵吗？

R.尚克尔：我想说这里的责任感是对整个世界的责任感。

克：正如我刚才所说的。

R.尚克尔：但是如果你说"对教诲的责任"或者"致力"。

克：等等，这是一种对世界的责任，这是一个我们创造的世界，是我们人创造的世界。所以，因为我是人，是人建造了这个世界。只有当我离开这个世界后，我才无法创造这个世界。这种离世并非肉体的消亡，而是精神上的离开，这包含着一种无畏、仁爱、同情和智慧的品质，伴随着悲悯的情怀，基于此，我必须要这样去生活：关怀他人，充满责任感，大家一起齐心协力，这正是我们这个世界所缺少的品质。许多人合作是出于种种个人的动机，而在这里，我们没有任何个人动机。我们必须十分认真地剖析个人动机。所以该用什么样的词、什么样的短语或是什么样的话来描述这一点呢？

拉贾斯：克，一个人有责任感，但是这种责任受限于"自我"，个人动机就包含在自我中。

克：不要用"自我"这个词。只要你肩负起责任，就会忘却自我，不是吗？如果我对这个学校负责，为它给学生的引导，为学校的生存等方方面面操心，我就会忘却自我。学校比我更重要。如果我肩负起这个责任，我就已然忘却了自我。"自我"并不是承担责任和履行责任的拦路石。我不知道我表述得是否清楚。

拉贾斯：似乎有两股力量在左右着，要么是自我，要么是责任。

克：不。先生，你看，比方说我对布洛克伍德学校要负责任。但我已经在这里了，那最好还是不要用布洛克伍德这个例子了。我有责任，这是我的感觉。请相信我，当我身在此处，我感觉自己肩负着责任。感觉任重而道远，不仅仅是对这里的人，而是对这里的一草一木，这片美丽的山谷，都让我觉得和它们紧紧相连。对我而言，这里的一棵树都是神圣的。我认为树是世界上最美妙的事物，就像老虎是一种神奇的动物一样。现在，我觉得自己肩负重任。在这里哪有"自我"的立足之地呢？

哈沙德帕雷克：现在的问题就是，一个人对学校有强烈的责任感，但是他会对学校的发展模式有一些自己看法。

克：我说得很详细了：责任意味着合作。如果我能和其他人合作，我就会放弃我个人的一些想法和固有观念。你们赞同这样吗？

哈沙德帕雷克：赞同。

克：那么现在你们用什么词语来描述这种情况？

瑞：除了每个人对于责任有自己的看法……

克：噢，噢，你我在"责任"这一问题的观点上没有分歧；我们是有责任感的。

瑞：是没有分歧，但有差距。但我昨天和我的一些年轻的同事聊天，他们提的问题之一，关于这个问题他们今天在这里提出来，就是在理想与现实之间似乎有分歧。

克：继续说，先生，我愿闻其详。

施：我想告诉您，有一个人对我们的看法，他说我们不够实际，太理想主义。也就是说，我们有许多家庭富裕的学生，他们是政治家们的孩子。我们期望得到他们的眷顾，所以他们来了，把孩子送到这里。我们因为要屈从于他们的意志，而败坏了学校的风气。所以我才说我们应该只要 5 个学生或 100 个学生就足矣，而不是这样的一群学生。然后，他便说我们不够务实，因为他们可以让学校断电之类的。所以我就说："那让我们断电断水好了！"

克：嗨！〔笑声〕先生，先等等。当我和 SR 最初来到这里的时候，这里没有自来水，只有一口井。我们睡在地上，点的是煤油灯，而且还经常会熄。一切都是自己动手。连厕所都没有，难道你想回到那个时候？

施：不是，我们不想回到那个时候，但是如果遇到这种情况……

克：等等，先生。认真地好好想想这个问题。不要一开始就表明立场，下了定论。让我们好好看一下这个问题。当你持绝对态度时你就偏袒某一方了。继续深入下去。如果你表明了立场，你就是庸人自扰。所以就你我而言，我们关心的不是孩子们的富有或贫穷——他们都是我们的孩子。

施：这一点我懂。

克：是的，先生，那我们继续探究。你会用什么短语来描述我们之前的讨论？你不喜欢诸如"奉献、致力、投入"之类的词。

施：先生，我们可以用"对人的责任"这样的描述。

克：不，不是人。是责任，是一种任重道远的感觉。

提问者1：你是否反对"致力"或"教诲"这样的词？

R. 尚克尔：致力于某一事物中。我这样说是因为如果一个人致力于某一特别的事物中，那么就会出现分歧：这个人会反对一切他不信仰的东西。

克：不，先生。你是一个认真的人，我不是。你凡事投入，凡事认真，而我不是，这就是我们之间的差异。你令人快乐，聪明活泼，有头脑，而我还没有达到你的水平，这就是差别。这世上没有公平。博姆博士拥有一流的头脑，而我却没有。不是吗？你对此有疑问吗？

R. 尚克尔：对，我有疑问。（笑声）

克：为什么？如果你不想以博姆、威尔金斯或其他优秀的人为例，那我们就说爱因斯坦吧。天哪！我不是爱因斯坦。看看外表，你很好看，而我不好看。你对此有什么疑义?

R. 尚克尔：您知道，是关于致力。

克：是的。所以我们先把这个词放一边，你不会认同一个可能会引起分歧的词语吧。

桑安达：我想指出一些问题：人们一直都致力于甘地主义或其他的思想。而这种思想是一种静态的概念和结构。然而在这里，我们致力于什么思想？致力于一种不断变化发展的、动态的思想过程，一种生活的过程。因而，思辨在这里不会停滞。分歧的出现是由于停滞，而不是发展变化。

拉德西卡：同理，教诲也不是单纯的某种教条……

桑安达：因而它也不会引起分歧。

阿弛：我能否说"致力"在印度是一个意味深长的词？我们说到政府机构尽职尽责，司法系统忠于职守，是需要站在与当权者的某种关系的立场上去谈论的。共产主义者某种情况下会用"当权者"这个词，而我们不会这样用。我们应知道，在行动处事时应头脑清晰，丢掉困惑。如果我们在行动处事时不能做到头脑清晰，那我们就无法摆正与教诲本身的正确关系。所以我们要下定决心，决不能让有关教诲方面的困惑在我们的生活中有立足之地，因为我们必须诚心诚意、头脑清晰地面对教诲。

克：我认为他现在刚好有这么一种感觉，那就是任何形式的致力、奉献和认同都让教诲的内涵变得非常狭隘，分歧就这么产生了，不是吗？

R. 尚克尔：是的，先生。

克：现在，假设你对数学、物理或其他什么学科感兴趣，而这需要艰苦努力的学习、经年累月的调查和经验，它们拉开了你和我——作为一个木匠之间的距离。我们谈论的不是人能发挥什么样的社会作用，对吗？我们谈论的不是人的社会作用或社会地位，而是一种有关人生存和人生活的教诲，不知你是否赞同这一点？

R. 尚克尔：我赞同。

克：我对这样的教诲非常感兴趣，我会全心投入其中，但也许你们并不感兴趣，这样很快就会出现分歧，但是我无意制造分歧。不管你们是否有争议精神，我是没有的。现在呢？说了这么多，我们努力追求的是什么？我们不用"致力"这个词，不用"奉献"这个词，不用这些老套的词语，但是我们可以这样说："一种对教诲和人的责任感。"

R. 尚克尔：是的，这种说法就概括了一切。

克：对，我们就从这一观念开始探讨。我们是这样的一群人吗？我必须一再地回到这个最初的话题上。这并不是说你因此而不能结婚，也不是说你坚守在此而度过余生，不是说要你们一直待在瑞希山谷学校。我的意思是，你不必去坚持某种东西，尽管对我而言，坚持是真理。你可以说，"对不起，我退出"。这是你自己的选择，不是吗？

R. 尚克尔：是的。

克：我们是这样的一群人吗？我要告诉你为什么我要问这个问题。因为我们在逐渐老去：我今年已经87岁了。我总有一天会死的，也许5年以后，或10年之后。有一天我可能会坐上一辆车，遭遇了车祸，然后生命就这么结束了。所以，现在我们一定要有这么一群人，他们不是什么信徒，不是继承我衣钵的人。因为这一切都没有意义。

施：不是狂热的传教者。

克：不是狂热的传教者，但是对教诲充满激情。现在，这种精神不是出于狂妄和自负，也不是出于某种对教诲舍我其谁般的痴迷。这种教诲包含了人类存在的全部内容。我不知道你们是否学习到了这种教诲：一种从外到内，由表及里，包含了人生的全部内容的教诲。所以正是因为它内在无一物，这种教诲才与狂热的崇拜或其他类似的信仰截然不同。当你深入去研究时，你会惊呼，"噢，天哪！"我个人把这种教诲看作是一种生命的惊喜，不是因为我这样说过，而是因为它是生命给予我们的非凡馈赠。这种馈赠就像一眼泉水，源源不断，永不干涸。它对我的意义便是如此，不然我不会花一整天去谈论这个问题，不然我就只能去做一个木匠或是干其他的职业。

现在，我们是这样的一群人吗？如果我们是这样的一群人，那我们与这个学校是什么关系？我们与世界是什么关系？我们彼此之间是什么关系？先从世界说起：我们与世界是什么关系？我们与这周围的环境是什么关系？哪一个是我们的学校？这里的环境指的不仅仅是这所学校，也是整个世界。另外，我们彼此之间是什么关系？请大家审慎地思考这些问题。

提问者2：一旦我们建立了学校，一旦有了任何制度，我们就要面对一切可能的变动，这种变动，即使不在当下，也会在未来的某些时候，导致我们的分歧。任何制度……

克：任何制度都会衰亡。你们都见到过各种政治或宗教组织，比如像静修所这样的组织，它们最终都像干涸的河床一般，逐渐衰败了下去。我们建立了一所学校，追根溯源，我们创办之初的宗旨就是为了培养优秀的人。优秀的人才，不仅仅要学术超群，而且要有博爱和仁慈之心。而时至今日，请原谅我还没能让学校实现这一目标。但是，诸位在此，在座的年轻人，你们能够让学校成功。你们能够帮助学生。在座的各位，你们可以做到吗？决定权在你们手中。这就是我为什么要问你们："你们的责任是什么？你们与这个世界是什么关系？不是跟印度的关系，而是与庞大的人口群体的关系。还有，你们与学校是什么关系，你们彼此之间是什么关系？"这三个问题非常重要。关系意味着责任。很显然的一点，我与我的孩子有关，因为我生了他们，确切地说是我和我的妻子生了他们，因而要对他们负责。所以，你们与这个庞大的人口群体是什么关系？也许这个问题问得不对。我要向你们解释一下为什么这个问题不对。这就是你们会卡壳，无法回答问题的原因。我说过，"你们对世界的责任或是说与世界的关系是什么？"这个问题问得不对，你们应该注意这一点。

提问者2：我们一时找不到问题的答案。

克：不，这是一个错误的问题。我接下来给你们分析。你们就是全世界。这是真理，而不是口头上说说而已。这个世界是由人创造的，作为人的一员，你们创造了这个世界。你们是这一切的一切，你们造就了这个社会，它没有什么不同之处。如果你们想要改变社会，你们就一定要去改变它。不是吗，先生？先别急着肯定。抛去"你与世界是什么关系"这样的问题。明白吗？

施：明白。

克：有什么疑问，请告诉我。我当时是有意停下来让你们思考的。一开始，我问了一个错误的问题："你们与这个世界是什么关系？"这个问题问得不对，是因为我说的这个世界，不是指这个自然世界，而是人类世界。这个人类世界存在着社会、政治、宗教和人的所有发明，它们是人历经了各种恐惧和欲望所创造出来的。所以，如果你们想改变这个世界，首先要改变你们自己。所以，你们的关系不在于同世界的联系。继续，告诉我你们的想法。在座的各位，你们都是很聪明的人，继续思考吧，先生们。

提问者1："关系"这个词本身就表明你与其他人不同。

克：所以"关系"这个词不恰当。那应该用哪个词呢？你们在关系中看到了什么？你们看到的是：一旦建立了某种关系，就意味着分歧的开始。

施：我与你的关系。

克：不，只要你用了"关系"这个词，就把你和我区分开来了。"关系"这个词的意思是我与某种事物有关。

施：言语不足以充分表达。

克：所以我们就放弃这个词吧。我们会找到一个准确的表达。当我们用"关系"这个词时，它暗示着分歧的开始。所以，当你们认识到，你们就是全世界、世界就是你们的时候，就不会再有任何分歧。因而，"关系"这个词也不复存在。我想知道你们明白了这一点没有。

施：明白了。

克：所以你们该是什么样的人？

施：不是简单的"你们"。

克：不，先生，请认真地看待这个问题：我就是世界。我们意识到这一点没有？这种觉悟不是用言语表达出的，而是用心感觉这句话，它的特点、优点、美妙和生命力。让我们明白，我就是世界。诸位怎么看？

哈沙德帕雷克：当你说出"我就是世界"这句话时，你并不是这个世界。

克：当然我不是。这只是一种描述。我不是在引述这句话，只是在问各位，如何看待这种说法？

R.尚克尔：我认为唯一要做的就是改变你自己。

克：不，不，再仔细想一想。

提问者2：我将这种说法理解为一种思想，但是我感觉我就是世界……

克：这就是我为什么要说：那就是真理，但是你们认识到这是真理吗？

施：从孩子们的身上看我们自己：我们看到了混乱和堕落。

克：不仅仅是这些，不仅仅如此。这世界上的每个人都要经历某种折磨，某种痛苦。我们最终挺了过来。所以，我们没有分歧。但是如果我要说，"我就是这样的"，并且坚持己见，那么分歧就产生了。

施：然后就会出现对某种事物的投入。

克：你明白了？

施：明白了。

克：是的。现在我们继续思考。所以我不会用"我与世界的关系"这样的话，但是我会用"我与学校的关系"这种说法。我对学校有什么责任？学校是什么？学校这个词，最初在希腊语、拉丁语等语言中是"悠闲、空闲"之意。注意它的重点是：空闲。只有当我们有空闲时间时，我们才会去学习。你们是否同意这样的说法？我之所以要这样问，是因为学校是不同于其他的，实实在在的一个地方。这里我们打交道的是孩子，而不是成年人。我们与在这个学校的人是怎样的关系，对他们有怎样的责任？不是对下一代或上一代人的责任，而是对在这里的人的责任。我对他们有怎样的责任？与他们是什么关系？你可能不在这里教书，可能不会教他们数学、历史、地理或英语，但是你在这里。这个环境属于你，你与这个环境是什么关系，你对它有什么责任？继续探究。你需要坐起身来，好好思考这个问题。对世界来说，如果我用责任这个词，那么分歧就伴随责任而来：我对什么负责。但是，当我意识到我就是世界，世界就是我，不是口头上说说而已，这种观念就已经融入我的血液，刻进我的心里，我能深入地感觉到它，因此人们之间的分歧就不复存在。我就是世界，并不是说我是婆罗门或其他，我就是这个世界。因此，我不会再用"责任"或"关系"这样的词。如果我想要改变这个世界，这个社会，我必须从这里开始，别无他法。

我们再问一个问题：作为一个核心的群体，我们的责任是什么？我们用"核心"这个词，大家都明白它的意思。核心群体对这个学校赖以存在的环境有什么责任？我们该承担怎样的责任？我也许不教数学、地理，我不是专职的老师，但是我想成为这个核心的人群中的一员。很显然，你们就是这么一个核心的群体。我从班加罗尔或更远的地方而来，从英格兰或阿姆利则而来。从阿姆利则来，我会感叹："啊，他们是一群如此认真的人，我想成为其中的一分子。"通过学习、思考，领会其中的精神，等我遇到这些人时，我会感叹"啊，我想和其中的某些人探讨问题。"但是，我与属于我的这个环境，确切地说是这个学校，是什么关系，我该对它有怎样的责任？

施：这个环境是一切：它是我生活的方式，走路的姿态，和我说话的样子。

克：是的，先生，继续深入，再深入一点。作为一个团体，我们有什么责任？这不是我个人的事情，而是一群人的事情，这群人认真严肃、全心投入，有责任感，觉得他们必须在自身的基础上，在这个现有的环境里，培养新的一代人。你如何打理学校事务，让它正常运转？当你知道有钱的人能来上学，而穷苦的人，未受教育的人不能来学校，你会如何组织管理？你要了解这一切。他们是孩子，我们应该为他们做些什么？我不是老师，不懂数学、地理。所以我要怎么看学校呢？

提问者2：你会观察。

克：我观察过了，学校还是那样，没有变。

提问者3：是不是关心不够，对学校真正的关心？

克：此话怎讲？

提问者 3：真正的关心是观察每一件事，把每一件事情弄得清清楚楚。

克：这里的关心意指什么？热爱？

提问者 3：对，满腔的热爱。

克：再深入一些。关心学生走路的姿态，吃饭的样子，吃的食物是什么，是否太烫，他们穿衣打扮，对着装的品味，发型，他们的床，蚊帐，洗浴，肥皂和用水等方方面面。关心！你会这样去关心他们吗？

R. 尚克尔：会，那就是我来这所学校的唯一原因。

克：关心！我关心着脚下的这片土地。这种关心的感觉，包含了一切事物。我关心树木、花草，关心土地，关心水源。所以我也能和学生一样去做他们做的事情。我也许教不了数学，但是我关心这门学科。我想知道各位是否看得到我的关心？

施：我看得很清楚，先生。

克：所以，关心是什么意思？就我个人而言，在奥哈伊、加州、英格兰的几所学校和这里的四所学校是一个学校。它们在不同的地区，距离很远，但都建立在一个共同的理念基础之上。所以这几所学校不会存在各行其道的倾向，不存在南北差异的问题。我关心学校，所以我会主动来工作两个小时、三个小时、四个小时，并且坚持做下去。我会帮忙做事。因为我关心它，我对衣服感兴趣，对好的品味感兴趣，就会关心它，研究它。我是在付出的，在座的各位觉得呢？这是不是不太实际？当你关心某样事物，你就变得实际了。我们是这样的一群人吗？因为我们正在造就培养未来的一代。对吗，先生们？〔此处停顿〕

我有一套 55 年前买的欧式男装，可我到现在仍能穿。你们知道为什么吗？因为这套衣服是我去伦敦当时最好的裁缝店做的，所以我仍然留着它。我还有一双 1925 年买的鞋子，你们明白吗？这是因为我在乎它。那些照顾我的人说"关心"，同样的，我会观察学生们睡觉的样子，走路的姿态，说话的内容。你们知道会有怎样的效果吗？说到关心，我也关心我自己的言行，我的想法。学校就是我，我既是老师，也是信徒，你们明白吗？

瑞希山谷学校

1982 年 12 月 7 日

2. 我们的关系是否建立在 职能的基础之上？

主动建立一种基于信任的核心，在信任的基础上我们是否思想相同，目标一致？／你一方面教授教诲，另一方面又学习教诲。／不论社会地位，只谈社会职能。／那么，我们的关系是否建立在社会职能的基础之上？／如果关系是建立在某种行为或理想的基础上，那这种关系没有任何意义。／你如何将教诲传达给学生？／通过数学这门学科的学习和争辩，我希望能帮助学生获得这种智力：它是一种专注力、爱心、同情心和智力的综合体。

克：你们是否会主动地建立并形成一个核心的自我，成为人群的核心？这样一群人聚在一起，看看世界是什么样子，这个国家发生了什么。你们在座的每一个人是否会主动地召集这样的一群人，共同努力，创造一种新的文化和新的生活方式？你们是否会主动这样做，或者说别人这样做，你们会不会加入他们，和这些无民族主义情绪，无政治兴趣，甚至无所谓宗教信仰的人一起去努力？他们真正关心的不是狭隘的个人问题，而是整个世界的问题。大的问题已包含了小的问题。这些人想要创造一种新的文化，一种新的生命力，你们明白吗？我们会成为这样一群人吗？（或者说你们都在等待，期待着出现新的领袖、新的精神导师，像绵羊一样顺从他们吗？）现在大家都来到了这里，很显然你们就希望能有新的人物来领导你们。让我们搞清楚这一点，这就是你们想要的，不是吗？好的，如果你们的答案是肯定的，那大家认为我们应该做什么，我们一起该怎么做？前天我们相聚在这里时探讨过这个问题。我们与世界的关系是什么？——大家都知道这个问题问得不太对。我们谈论过我们与学校的关系。我们一定要培养出优秀的人，不仅仅学术卓著，治学严谨。同样的，我们彼此之间是什么关系？我们是否思想相同，目标一致？或者说，我们都能从个人独特的微观点出发，达成一致？诸位怎么看？

R. 尚克尔：我们必须找到问题的答案。

克：你有4天的时间找到问题的答案，不可能为之耗上一年。房子着火了，你总不能说："哦，我先等一下，想想怎样才能弄到个水桶、水管或其他得什么灭火的东西来，这得花点时间吧。"你赶紧灭火就是了。

哈沙德帕雷克：如果我们一开始就有组建一个团体的想法，可能未必成功。但是如果一旦这个团体组建起来了，那确实是件了不起的事。

克：一个团体不会自发形成，学校不会自己创建起来，婚姻之事也要男女双方促成。在座的各位，我邀请你们来讨论问题。说幸运也好，不幸也罢，我们都有了这次谈话。我的问题是：我们是否思想相同？在拉加哈特，我们聚集了一群人。我希望他们思想相同，或行动一致。如果你们在整个印度，能够组建超越国界、无政治倾向的团体，在这里，马哈拉施特拉邦不再对抗泰卢固或泰米尔，也不对抗其他所有地方，那该是一件多么美好的事情。人类是谁？我们是否思想相同？

R.尚克尔：基本上是。

克：什么叫"基本上是"？你为什么要用"基本"这个词？你是不是在想如何实现的问题？

R.尚克尔：是的，如何去组建这样的团体？

克：这个问题我们稍后再谈。关于团体组建，把想法付诸实践的问题，不是大事。但如果我们能共同努力，一切都将水到渠成。我并不一定要详细列出我们要做什么，但是如果大家在一起，好比在同一条船上，每个人都在划桨。首先，在我们探讨现实问题之前，我想知道，我们所有人，在这间教室里的所有人，是否思想相同，齐心协力，在我们中间，乃至在全世界的人们中诞生这样一个团体？

施：先生，我们必须放弃我们那些特别的信念和想法。

克：这不算是一种想法。

施：确实不是。但如果我们要有共同的思想，就应该先把自己的想法暂时搁置。

克：当然，当然，这一点可以理解。

提问者1：改变是我们的首要之事。要想从外部有所改变，先要从我们自身改变开始。

克：不不不，如果你说我们首先要做的是改变，那我们必须是优秀的人，然后才能把改变传达给其他人，而这可能要等到世界末日那一天了。

提问者1：我们可以同时做这两件事吗？改变和影响，我们可以同时进行吗？

克：如果那是我们的最终目的，是我们义不容辞的责任，那么在帮助学生的同时，也是在帮助我们自己。这是一种互相学习，一个互动的过程，而不是孤立的活动。如果等我受到启发后，再去帮助这世界上的人，那真的没什么意义。如果我未受启蒙，你们的思想也尚未开化，但我们努力去追寻真理之光，然后我们就能去教导他人，帮助彼此互相理解。在这样的关系中不断前进，大家是一个整体，不会分开。你赞同这一点吗？

哈沙德帕雷克：所有的政客出于某种共同的目的聚在一起，而最后无法团结在一起，因为每个人都有自己的野心。

克：这就是我为什么要问，我们是否思想相同？我们是否想去做同一件事情?

施:我真的想知道我们是否都思想一致。

克:这是我一直在问的问题。

提问者1:我经常在想,当我们想要做一件事时,就能保持思想一致,但是遇到实际情况时……

克:不,我们不是要做什么事情。在我们做一件事之前,我们必须清楚我们是一个整体。我们是否都想盖一栋房子,一栋有象征意义的新房子?如果我们一致决定做这件事,就会思考"谁是最好的设计师?地基怎么打?最好的木材从哪里找?"等等之类的问题,然后开始行动。但是如果我们中间只有一部分人愿意盖房,而其他人并不愿意,那么这中间就会出现这边建好那边拆的矛盾。这类问题是时常发生的。因而我会一再地问大家:我们是否思想相同,有相同的动力驱动我们去实现共同的目标和愿景?

提问者1:我个人能理解您说的,但是我不知道我们是否思想相同。

克:这就是我为什么要问每个人这个问题。

提问者1:即便我们思想相同,但我们发现从社会职能的层面来说,每个人都有自己的想法。

克:我认为即使从社会职能的角度出发,有各自的想法也无妨。我们下次可以再深入探讨这个问题。但需要明白,这是一个很难的问题。

提问者 1： 我感觉责任重大。

克： 你觉得责任重大，但是否每个人都会这么觉得呢？都按照自己喜欢的方式各行其是。这是一个严肃的问题，不可掉以轻心。这个问题之所以严肃，是因为一个人单枪匹马，是成就不了大事的。他也许有一些影响力，能做一些其他的事情，但是无法创造出新的事物。一个人盖一栋房子也许会花上 100 年，但是大家一起盖可能只需要 10 天。所以我们是否一起向着共同的目标——为了创造出一种新的文化，一种新的人生观，一种普世的人类结构而努力？决定权在各位的手中。我们再问：作为一个群体，我们与我们所在的这些学校是什么关系？有人可能是在教学，有人则不是教学岗位。我可能不想教书，但是我是这个群体中的一员。

这一点请大家务必明白：我是这一群体中的一员，但我并不一定教书。

施： 但是人们可能误读这种说法"我可能不教书，我可能做些别的事情"。于是他们就可能心安理得地休闲放松去了。所以他们务必要重视这个问题。

克： 这就是我要说的。如果你不认真，就不要参与其中。这是很明白的事，不是吗？如果我不认真，我就不会与你们谈这个问题。即使我有 50% 的认真精神，我可能就当作一场游戏玩玩而已。但是很快我发现你们都比我认真多了，那么我就不得不退出。现在请问大家，我们与学校是什么关系？或者说如果不谈学校的话，我们要做什么事情？我可能不会教书，但是我能写书，能走到各地去讲座。并不是我们每个人都要在学校里教书的，这样不太实际。但是如果你立志从教，那么就要在学校里好好教书。从另一个方面来说，你既教授教诲，也在学习教诲。那么我们彼此之间是什么关系？这两个问题哪一个更重要？各位先生，好好想想，告诉我，我们来讨论一下这个问题。我们彼此之间是什么关系？

提问者1：我认为应该是完全信任的关系。

克："应该是"是什么意思？你怎样才能信任我呢？你又不了解我。

提问者1：如果有人号召大家一起去做一件事，我就会积极响应。

克：不，先找到问题的答案再说。我要说我和你们在一起，是真正地和你们所有人在一起，我说这话是非常认真的。你如何才能信任我？你说的"信任我"是什么意思？如何才能建立信任？"信任"这个词相当难解，它词义复杂，内涵深刻。你能用其他的词代替"信任"这个词吗？我来到这里，加入你们，我看到你们态度都很认真，我也是。你们都在学校或其他行业共同努力。我曾一度可能从事园艺，这对我来说已是很好的工作。行业不分社会地位，只论社会职能。和你们一起，我觉得自己有点懒惰，天性如此。另外，我对自己不够诚实。诸位能帮助我成为一个诚实的人吗？不要以说教的方式对我说"你不诚实",而是身体力行,通过具体的言行,让我看到你是一个多么诚实的人,而我要改变自己。如若不然,我们就会开始对对方指手画脚,批判彼此,最终一拍两散。你把花园交给我打理,而很快发现我是个很懒的人。你该如何帮我呢?继续,告诉我怎么做。或者说我表面上赞同你的观点,但从心底里、从根本上不支持你。你知道我们玩的这场游戏。这就是我为什么要问,我们彼此之间究竟是什么关系?我与来自拉加哈特的 S 先生是什么关系?我是这所学校里的一员。我没有去北部,但在这里遇见了他,不禁发问,我与他是什么关系?我们的关系是靠工作维系的吗?——他是这个学校的校长,我是一个老师。我们的关系是建立在职能之上吗?我们务必弄清这一切的问题。

施:就像公司职员和经理的关系一样。

克:没错。他是一校之长,而我只是一个老师。所以作为一个老师,作为这个学校的一员,我必须要弄清楚自己和他的关系。他也是我们队伍中的一员,不同的是,他去过北部,或者马德拉斯、班加罗尔或孟买这些地方。我与他是什么关系?我与他见面之时基于职能的关系吗?我怎样能见到他呢?

提问者 2:他还是属于我们这个集体,就像是家庭中的一员。

克：请注意你用到了"家庭"这个词。对这样的词我们要注意。实际上，你与 S 是什么关系？认真地思考这个问题，不要就那么随口一答。我也不知道问题的答案。在不断探索中，我也在不断问自己。我已经认识他 4 年，我还是想问，我与他究竟是什么关系？

库：是不是我们思想相同？

克：我们思想相同？不，我们思想并不相同。

库：我这里的意思是目的一致。

克：目的？不，我一点都不想用"目的"这个词。一个我了解的人，一个集体中的一员，我与这样的人是什么关系？我与你是什么关系？你与她又是什么关系？你与他或者我们在座的其他任何一个人是什么关系？如果抛去职责的关系不说，你们之间的关系处在什么水平？

阿弛：你说过一些非常重要的话：无论我们是在瑞希山谷、拉加哈特、班加罗尔、奥哈伊或是布洛克伍德学校，真正的核心只有一个。我们真的需要建立一个全新的世界。

克：不错。

阿弛：如果大家都有同感，觉得我们要敢为人先，涉足世人不曾关注的领域，那就是我们启程的开始。

克：没错，先生，完全正确。

阿弛：如果我们都能共同为之努力，那么我们就有可能……

克：没错。你有没有听过他说的？在奥哈伊，有这么一群人：他们努力工作，勤奋程度超乎你我的想象，而整个国家都在反对一些东西——世俗、金钱、毒品、极度享乐、富裕。这个国家是怎样的一种状况我无法言说，但在奥哈伊，这些人克服重重苦难，努力工作。在布洛克伍德，他们靠做小本买卖谋生，拼命工作，希望日子越过越好。幸运的是，当年我们买下了那里的房子和地皮，幸好不是租用校舍，否则这房子肯定很早以前就坍塌了。现在仍然有四五个人在那里工作。在拉加哈特学校，我们在过去 50 年里遇到了种种困难——学校的合法性，罢工等等问题。而瑞希山谷学校，很长一段时间里，我们也是举步维艰，就像一只跛脚鸭，蹒跚前进。现在，我们至少有了一些人在这里为学校的未来共同努力。而在孟买，只有极少数的人对办学感兴趣，因为这样的学校只是为穷人的孩子开办的，没有人会在乎。如果这是一所贵族学校，富人的孩子们在这里上学，那么，他们就会慷慨大方地给学校捐钱。所以他们也会非常努力地工作，马德拉斯和班加罗尔的情况也大抵如此。正如他所指出的，我们在同一阵线上。在奥哈伊、布洛克伍德、马德拉斯、孟买、瑞希山谷、拉加哈特和班加罗尔这些地方，我们都是站在同一阵线上。我们所有人都非常关心学校。

现在，我们彼此是什么关系？正如克所言，这个世界并不存在这样的一群人：他们以马赫什·约吉法师、赛峇峇或其他的宗教导师为精神领袖，听从于他们的教诲。但幸运的是，我们不是这样的。我们是一个共同努力的团体，不是吗？

施：是一个自由的团体。

克：是的，我们是自由的，非常正确。如果没有自由，这个团体一开始就失去了生命力。所以现在我要问大家，我们与学校的这一切是什么关系？

哈沙德帕雷克：我们似乎没有任何教师交流项目，以便让老师们在不同的学校之间互相进修学习。

克：不，我说的不是这个问题。我们已经为这类问题考虑甚多，所以一切要等我们有钱之后才能实现。如果我们赞成、想要去做这件事，那么教师交流和交换生的项目就能够实现。今年我去布洛克伍德学校，明年去奥哈伊的学校，后年则去马德拉斯或拉加哈特。这并不难办，安排起来非常容易。但是在一切尚未开始之前，我们要十分清楚这样的一个群体是不存在的。

阿弛：但是有一些人反对突然的变革，他们就属于我们所说的想要从事物边缘逐渐向中心靠近，曲线救国的那类人。

克：是的，正是如此。

阿弛：我们觉得这是唯一一个与众不同的团体。

克：没错。

阿弛：我们认为要从中心开始，而非边缘。能真正理解这个问题的人甚至还不到十个。这些人是那样愤世嫉俗，换句话说，这个世界还没能让大家相信这里有一些本真和全新的事物。

克：是的，先生。

阿弛：但至少我们已经有了一个起点。

克：这就是我一直在追问的一个不变的问题：我们是否目标一致？你觉得呢？

提问者 1：我认为我们是的。

克：如果我们目标一致，那我们彼此之间是什么关系？

提问者 1：目标的完全一致性，这就是我们的关系。

克：不要把目标带入到我们的关系中。我们是受理想驱动的，目标只是让我们活得安逸。

提问者 1：我们的事业不是理想。

克：不是理想。我的意思是：你用"目标"一词，它和理想并无二致。看看，如果你说"一个目标"，那么我们就会被这个目标所牵引，如果你说"一种理想"，那么我们就受理想的驱动。或者说推动我们的是人。我们不是那样的人，对吗？所以，我们之间是什么关系呢？稍微思考一下这个问题，你们可以先想一分钟。

提问者 3：我们的关系中有合作吗？

克：我们是在合作。我们在一起就是在合作。但是我还是坚持问各位，我们之间是什么关系？

G. 纳拉扬：我认为我们的关系不分阶层。在一个自由的环境里，一种责任自发形成，而非他人强加。

克：没错，继续分析，理解得更深入一点。要弄明白你我之间是什么关系，你与她之间是什么关系。努力地，深入地研究这一点。

提问者 1：可不可以说是一种思想情感的交流？

克：当然，当然可以说我们是在交流。但是，再深入想一想，我想把这个问题理解得更深入一些，只要我们找出问题的答案，一切都变得简单了。

拉贾斯：这是一种建立在真相基础上的关系。

克：是的。

拉贾斯：我们一致将某种东西看作是事情的真相。

克：一致，我明白了。

拉贾斯：我能感觉到事情的真相，你也认同这个事实。这就构成了我们的共性。

克：没错，如你所说，我们的共性是——我先不说。继续，打开思路，整理出更多观点出来，不用猜我在想什么。

提问者 3：我们的共性是否就是让诸位齐聚在此的前提？它能否有助于了解我们之间的关系？

克：我现在要问一问，你们与来自于拉加哈特的 S 先生是什么关系？我与他是什么关系？不用拐弯抹角，直接坦率地回答，不要教条式地思考。

R. 尚克尔：我想让他觉得跟在家里一样轻松自在。

克：他已经很自在了。你们是什么关系？

提问者 3：我们致力于同样的工作，这算不算是我们的关系？

克：你看，当你用到"工作"、"目的"、"目标"、"理想"这些词时，它们其实指的都是同一件事。我与你有关系因为我们在一起盖一栋房子。当房子还没建成，我们会散伙。我们在一起是因为我说我们要在一起，我们之间有关系是因为我们在一起盖房子。但是当房子盖好了，我们也会散伙。如果我们的关系是建立在一种目的、一种行为、一种理想，或是围绕着某一个人的基础上，那么它就不再有深刻的内涵了，不是吗？

提问者 2：深入地看，我与 S 先生没有不同。

克：哦不，你是独一无二的。

提问者 2：从外表上看我与他不同，但是从某个层面上说我与他并无二致。我和他虽外表不同，但是从深层次来看，我与他没有区别。

克：是怎样的没有区别呢？详细地说说看。

阿洛克马图尔：我们作为普通人相识。我们的关系是普通的人与人之间的关系，不是基于提问者 2 的关系。

阿弛：是否有必要为了建立一种友谊而去结识一个人？

克：喏，他在这里，先生，问问他。问问他与你是什么关系。你说话不够直接坦率，这可不够好。你太教条主义了，你太教科书化了。我想请问阁下：我们之间是什么关系？不管我住在奥哈伊、英格兰、拉加哈特或是孟买这些地方，我与这么一群人是什么关系？他们会说："看，我们是自由的，我们正在努力创造一种新的东西。"

提问者3：我正在向他们学习。

克：是的，是的。继续，提出更多的观点。你们都是非常聪明的人呀，怎么这时候都沉默了呢？

卡：你要说的是关怀，体贴和聆听吗？

克：他们已经用另外的语言表达了这层意思。

施：我不会受到伤害。

克：不，不，不要这样想。先等一等。我想让你们明白一些东西。我要说得实在点：你与我是什么关系？仔细地想一想。不着急说出来，先找找那种感觉，用准确的语言表达出来，然后我们彼此就心领神会了。你与我是什么关系，我与你是什么关系？你是一个老师，我是学生、是信徒。不知道各位是否明白这一点。

施：是的，我明白。

克：透彻！我教授克的教诲，但倘若你学习克的教诲，那么我也在学习。认真听我这一句。你是那一类人，我也属于那一类，不是吗？我既教授教诲，也学习教诲。

施：您的级别比我高。

克：不，不，我们之间是什么关系？

提问者3：我们是平等的关系，处在同一水平上。

克：不是。

提问者1："关系"一词在这里的概念很模糊。

克：深入解读一下你自己：如果可以，解读一下你自己，然后找到与他人关系的这种含义，关系的本质和内涵，它的深意、精妙和活力。各位是怎么想的？这个探索的过程真的，真的非常好。它让你大脑活跃起来，从传统思维中脱离出来。你们每个人的思维都太古板了。我们应该打破传统思维，另辟蹊径，换个角度看问题。

提问者1：我一直在探索一些真实的东西，您也是，这就是我们之间的关系。

克：你和我都在同一口井里打水，喝同样的水。知道还有另外一种情况吗？她和我也是同饮一样的井水。而她用的水罐可能和别人不同，我用的水罐也和她不同。我的水罐是用陶土做的，非常容易碎，而她的水罐可能是不锈钢的。即便如此，我们仍然在同一口井里打水。继续分析，弄明白了之后再用恰当的语言表达出来。哦天哪！这足够让你穷尽思维了吧。不过我很高兴看到你这么认真努力地思索问题的答案。你能提出更多的观点吗，先生？

阿弛：当我们处于相互联系的状态时，我们无法阐明什么是关系。

克：不，我可以做到。比如我对我妻子说，"我爱你"。如果深入想一想，我们很快就会搞清楚这个问题。克的教诲中阐述：如果你和他对彼此都有一个印象，你们之间就不存在关系。意思是，你们俩就像永不相交的平行线一直并行下去。那么现在我们的交点在哪里？如果你是一个男人，我是一个女人，那么床就是我们的交点。

提问者 2：只要我们对我们自己有印象……

克：我已经说过，先生，我的天哪！继续探索吧。这很有趣呀，不是吗？好吧，我们先把这个问题搁置一下，待会儿再谈。我们是这样一群人：真正心忧天下，充满社会责任感，这是一种责任感，而不是敬业或奉献。我们富有责任感和合作精神，同时也独立自由，不从属于任何团体、教派、民族和宗教。我们是有思想和充满活力的一群人。现在，你如何把这一切诠释给一个要加入你们队伍的学生？我们不是一个封闭的团体，对吧？那扇门一直为你敞开着。你如何让那些学生体会到："哦天哪！我也要像这些人一样，他们是如此地充满活力、聪慧、灵敏，难道我们不应该加入这样一支队伍吗？"你如何帮助这些学生，让他们逐渐成为自己理想中那样的人？作为一个数学老师，你该如何通过这门学科来帮助孩子们成长呢？

施：对所教授的内容百分百地认真。

克：对对对，数学是我的强项，我想通过这门学科帮助某个孩子变得聪明。这孩子认为你如此地充满激情，那你就要帮助他成长为如你一样优秀的人。你该如何去做？作为一个数学老师，你应该从哪个角度出发，帮助这个孩子成为一个既教授教诲又学习教诲的人，让他感受到教诲的所有的美好？你该如何帮助他？

A 库马拉斯瓦麦：我们共同去探索。

克：是的，共同探索。然后呢？你该如何帮助他培养出活泼创新的头脑？你具备这样的头脑吗？

施：我觉得我具备。

克：你不能说，"我觉得我具备"，那样就等于说你不行。因为这只是一种推测。你明白我说的意思吗？你的头脑是否特别敏锐，对大自然和颜色敏感。或者说你的大脑一半充满活力，而另一半死气沉沉。或者说思考问题时一根筋，拘泥于某种惯例。先生们，你们怎么看待这样的人呢？

施：这不是一个完整的人。

克：没错，继续。你与另外一个不完整的人是什么关系？继续，去调查，开拓一下思路。你已经具备了一种宏观的思维——让我们称之为宏观，而我还没达到这个水平。你会如何帮助我认识这种全局思维的品质？——不是从语言上认识，而是认识这种思维的品质、深度、光芒和生命力。你难道不应该从我能理解的层面入手？

施：从最基础的层面开始。

克：对，从最基本的、最小的事情开始着手，你愿意吗？比如，你说"瞧你是怎么吃饭的，你是怎么做事的。"然后指出这是国民性的表现。就像盖房子一样，先要打好地基，然后一层一层地往上盖。所以，一年下来，你没有耗费太多精力就已经了解了这个人。我想知道你是否明白我的意思？

施：我清楚你说的，我已经这样在做了。

克：很好。

R. 尚克尔：您能重复一下刚才说的吗？

克：前几天我和德里的某个政治家交谈。他说我们必须给予基层人民信心，给那些没有信心的人，给那些劳苦大众、平民百姓们足够的信心，才能让他们更加努力地工作。

在班加罗尔的学校里，你是我的老师，那么作为老师，你如何培养出一种宏观思维？这种思维既和人道精神，也同所有的黑暗紧密联系在一起。你该如何帮助我这个学生拥有这种思维？我想知道，你会不会先从最基本的个人层面开始，比如我怎么吃饭，我做什么事情和我说什么话，然后上升到国家高度，让学生明白国与国之间是如何互相斗争的，最终你会让我了解人与人之间互相斗争，内耗自己的同时，给他人带来了怎样的后果。最后通过你的言语结构，我就开始看到了内心深处的自己，不是吗？因为你所做的一切，你的感觉，你用语言表达出来的东西，这些都让我感受到思维的深度。所以你就像在盖一栋房子一样——打地基，砌墙，装窗户——最后一栋房子盖好了。

那么，这一切意味着什么？别那么快回答我，这一切意味着什么？这一切都指向什么？

G. 纳拉扬：沟通。

克：是的，你已经表达出了这层意思。继续，你已经说到点上去了，帮帮我。这一切有什么含义？

提问者 2：这是一种释放，一种思想的解放。

克：你解放了我的思想。我的思想形成受家庭的影响，而你却帮助我摆脱了思维定式的束缚。我常说，"别再浑浑噩噩，睁大眼睛看看周围的世界，挣脱内心的束缚。你不再是稀里糊涂的那一类人，觉醒吧"等之类的话。这一切意味着什么？当你在我心里塑造了一个全新的自我后，这对我有怎样的影响呢？

提问者 1：你会变得非常敏感。

克：是的，我确实变成这样了。

提问者 2：你开拓了我的思维。

施：你让孩子变得更加聪慧。

克：你说的"聪慧"是什么意思？你为什么要为我做这些事？你为什么要如此费心尽力地培养我成长？为什么？继续说，先生，不要吝惜你的用词。

施：因为同情心？

克：体贴、同情、热爱和关心。

施：责任。

克：是的。责任、关心、喜欢、热爱和同情等等，这些有什么含义？这是一种智慧的表现吗？因为一个智慧的人才具有悲天悯人的情怀。所有上述的这些品性都是智慧的流动。非智力因素指的是不同的国籍和民族等等。现在你已经在我身上播撒了智慧的种子，你是一个智者，努力让我变得聪慧。你是像这样在做吗？接下来要怎么做呢？你能感觉到你自己属于睿智的人群中的一员。你会遇见来自拉加哈特学校的 S 先生，你与他是什么关系？

先生，当你邀请一个客人时，你对他是什么感觉？你肯定不会邀请你不喜欢的人。你会邀请你喜欢的人，比如你的朋友、你谈得来的伙伴到你家里做客。因为他是你的客人，你会热情地招待他，让他吃好睡好。这其中会发生什么变化？在你和客人之间，谁是房子的主人？当你好好地招待我时，我们的关系会发生了什么变化？

提问者 2：我会非常开心。

克：这意味着什么？继续探讨。他是你的一个朋友，你热情地把他迎进门。这意指什么？

拉德希卡：这指的是你受到礼遇。

克：不错，你受到礼遇。不过为什么不用一些简单的词呢？他受到礼遇。然后接下来呢？你会说，"过来坐下，我们聊一聊。"因为你是个体贴的人，对吗？你会认为体贴与智慧相连吗？关心、热爱和同情都与智慧相辅相成。如果我是个天主教徒，我就不会有仁慈之心。你是否特别认可这一点？

施：是的。

克：为什么？

施：因为你有自己的目的。

克：因为你有某种目的。我的思想根植于主耶稣，所以如果我是个天主教徒、印度教徒或佛教徒的话，我就不会有仁慈之心，你能理解我的意思吗？他来自于拉加哈特，他说，"我超脱于一切之外"，你也会如此。事情就是这样。你心里已经树立了一个明确的信念。所以问题归结到一点：我们应该如何共同努力？我们这些将要前往马德拉斯、拉加哈特和孟买的学校的人应该怎么做？当然你现在在这里，不可能去孟买，但是我们仍要一起努力去实现共同的目标。尽管拉加哈特距这里路途遥远，而对于灵魂自由的一群人来说，这是大家共同的事业。那么，"共同努力"是什么意思？你们在这个过程中会有纠纷、争吵和意见不合的时候吗？继续，不要说有或没有。你们会有意见不合？怎么想的？

提问者 1：我们也许会有意见不合，但是我们愿意去面对。

克："也许会有"，为什么？

提问者1：肯定会有一些时候，我们会为某些观点百思不得其解。但是我们必须用开放的心态去看待这一状态。

克：所以哪一点更重要呢？争吵过后便能发现真理吗？

提问者1：不是。

克：等等，慢慢来。我问大家，"我们一定要经历这样的阶段不可吗？——经历分歧、听到各种支持或反对的声音，或者因意见不合而分裂的阶段。""真的有必要走这个过程吗？"你们明白"意见不合"的含义吗？我们为什么会产生分歧？没有分歧这个世界就不正常了。我是否答应和你一同努力，取决于我在这个过程中是否有所收获。我们为什么一定要有不同意见呢？这真的很重要，请想一想这个问题。为什么我们中间产生了不同的意见？为什么？

提问者2：因为我们想要展现自己的不同观点。

克：没错。但是你为什么有不同观点？这多浪费精力啊！

提问者2：是的。

克：别说"是的"，如果你认为这是一种浪费精力，那么结果就是你根本没有形成自己的观点。能展现自己的观点是一种智慧的表现。当你发现了一些谬误，会迅速清除它们。不要表面上说，"我会坚持自己的观点"，但最后向你的意见妥协了。现在，我们能否问问自己，为什么我们一定会出现意见一致和分歧不合的情况？正是有了各种一致或不同的声音，这个世界才能正常运转。但是我们发挥各自的职能并不是以观点相同或相左为前提的。所以我们为什么要有不同的意见？是因为职能不同才会产生不同意见吗？比如我去做园艺、木工或烹饪，我做得特别投入，但是你来检查一遍之后对我说，"能换种别的方式干活吗？"或暗示我做的不好。你这样说让我觉得很不耐烦，因为我已经尽力了。我会反驳道，"你为什么要插手？"然后分歧就由此产生了，对吗？所以，我想问你们，为什么我们会产生这种分歧？

我想学习，对吧？当我学习时，我不可能认同或反对什么。我想知道各位明白这一点吗？你们知道，我既教授教诲，也学习教诲，想必这一点你们深信不疑，我在学习时，你跑过来说："看看，你的厨艺简直糟透了。"那好吧，我会问先生，请告诉我该怎么做呢？如果你能领会教诲的根源和精髓，那么你既教授教诲，也学习教诲，这样，我们就是同道中人了。所以当你批评我时，我会抱着学习的态度说，"你说的太对了，我们来看看问题出在哪儿。"当我已经形成自己的观点、判断和结论时，我脱离了学习的阶段，我会坚持己见。所以当你还在学习时，无论出现意见分歧还是意见统一，都完完全全是在浪费时间。

前几天在布洛克伍德学校时，有一个人来看我并对我说，"先生，您是一位美好善良的老人，但是您的思想太刻板僵化了。"我会说，"天哪，我真是这样吗？"而不是否认，"不，先生，我不是这样的人。"我会说"我真的是这样吗？"当我花两分钟左右的时间，从帐篷走到厨房门前时，我问他"我现在是刻板无聊的人吗？"很快经历了这一次之后，我意识到我并不是这样的人。我对此没有疑虑。所以第二天我会去找那个人，并对他说，"对不起先生，您说的并不准确。"然后我就此探讨这个问题，并解决它。我不会直接说，"你说错了，我是对的。"

所以如果我们都在学习教诲，就不存在什么分歧的问题。但在学习的同时，我们也要言传身教，所以我们不会有什么意见相同或相左的情况。你们能发现这中间的差别吗？从教诲的教授者到学习者，这中间经历了什么变化？智慧就体现在这一过程中。所以永远不会再有争论、分歧或统一的情况出现。如果你真正明白了这一点，你就会感受到这是多么美妙。所以你必须去帮助已形成思维定式的学生。 亲爱的家长们，政府和大众都已经准备好去抵制这种倾向。现在，让你的大脑静一静、好好想一想，想想它是否已经抛弃了一切糟粕的观念，把它们彻底丢弃？只有这样，你的大脑才具有极强的可塑性和接受新事物的能力。你们能否让学生拥有这样的头脑？

瑞希山谷学校

1982 年 12 月 9 日

3. 彻底摆脱理想的束缚

　　这里不仅仅是一所学校,也是一个宗教者的聚集地。/什么是宗教之心?/宗教之心不旨在追求任何信仰、理想和概念,也不在于实现某种远大的目标。/它只需要一群摆脱一切理想之束缚的人,把非暴力这种理想放在一边。/你如何认识内心中的暴力?/不要受任何理想和信仰的束缚。/这种信念表现在你的坚持己见和这种坚持对学生的影响上。

　　克: 我们曾说过,瑞希山谷不仅仅是一所学校——或许在印度它被认为是学校,但我认为我们不应该只把它简单地看作是一所学校,它还是一个人们能找到精神寄托的地方。我不大喜欢用"精神"这个词。

　　G. 纳拉扬: 可你说过这是一个精神和宗教中心。

　　克: 如果你用"宗教"或"精神"这样的词,那么它就成为了某种……

　　G. 纳拉扬: "宗教"比"精神"要稍微好一点。

　　克: 是的。

G. 纳拉扬：因为"精神"的含义深不可测。

克：那你会用什么词呢，宗教？精神？有宗教之心的人聚在一起，但讨论的不是传统宗教或正统的权威教诲。什么是宗教生活？现在全世界范围内的宗教只是一堆言论、信仰和经年累月的宣传。你们认为这一切就是宗教吗？膜拜神、符号崇拜以及日复一日、始终不变的仪式，这些肯定不是真正的宗教。所以你们认为什么是宗教生活？不是加入静修院或追随某个古鲁（大师）；那种宗教气息太重。那么在你们看来，什么能被称为宗教团体、宗教生活呢？我认为那是我们应该拥有的生活。至少我认为这个地方不仅仅可以作为一所学校，还可以是一群宗教者的聚集地。不是说这里特别具有宗教氛围，而是说这里有它作为一个学校的不同之处。现在，你们认为怎样才称得上是宗教者、宗教生活？

AK：宗教生活是一种探求事物本质的过程。

克：那是科学家们做的事情：探索和研究万物。

AK：我说的不是他们的那种探索和研究。

克：那是哪种探究？

AK：我说的是探究人的内心本质。

施：这是精神病学家的工作。

克：所以，什么是宗教中心？什么样的人称得上是宗教者？我认为瑞希山谷既是一所学校，也是宗教者聚集的中心。你们认为什么是宗教之心？

施：一种非常智慧、完整的全局思想。

克：好吧，那你说的全局思想是什么意思？怎样才称得上全局思想？

施：有了全局思想才能全面地看待一切事物。

克：不，不。这不过是个理论吧？这只是你奋斗的一个理想吧？你要这么想，那就和其他人一样了。所以，你认为什么是宗教之心？

提问者1：宗教之心能够发现自身与外部世界的某种联系，并且感到自身能影响外界环境，以及外部环境对自身的影响。

克：许多社会主义者正在这样身体力行。那些想要改变环境、改变这个社会的人都明白"千里之行始于足下"的道理。先生，我们换个角度继续想想。

R.尚克尔：宗教之心能够认清"别无所求"的重要性，但是它本身不能做到这一点。

克：你说的"所求"是什么意思？

R.尚克尔：您知道的，就是为自己争取。

克：等等，先生，为自己争取一些东西，多大的东西？

G.纳拉扬：一个人感觉他别无所求，有些东西他无法言说，可他明白其重要性。是这个意思吗？

R.尚克尔：我们发现，世界上任何地方的人都有自己想做的各类事情，这就会带来分歧和矛盾。也许宗教之心能了解无欲无求的重要性。

克：宗教之心最强调什么？什么是宗教之心最重要、最核心的内容？请好好想一想，我们已经围绕这个话题讨论了不少，总结了不少，但是我们现在就要抓住核心了。

阿弛：宗教之心也许是一种同情心。

克：同情心。现在我想问你，你有同情心吗？或者说这只是一种思想，一种理想？这只是你奋斗的一个目标？有了这个目标，然后你就能成为心忧天下之人了，是吗？你们都说要有仁爱同情，然后渐渐地这就成为了我们的目标。你是否想过宗教之心是一种理想的思维？想一想它的深层含义。一种美好的、理想化的概念，是人们努力去实现的一种模式。这算不算是一种宗教之心？一种大家为之奋斗实现的理想，一个我们前行的目标地，你会称之为宗教之心吗？我不会，你会吗？我不会称其为宗教之心，因此我们可以排除这种解释。通过否认和排除，我们最终能找到问题的答案。我们是否同意这一点？

阿弛：这种思维方式很好，给我们找到了一个切入点，因为它包含了到目前为止我们所有的讨论。

克：是的。

阿弛：如果我们否认每一个我们能想到的观点的话……

克：……那么我们最终就能找到问题的答案了。你同意这样的说法吗？

R. 尚克尔：同意。

阿弛：那就与刚才他说的那个词有关：悲天悯人。我们知道我们能感受到悲悯的力量，但我们清楚我们还没有到达那种境界。我们或许有一些同情心，但是我们没有悲天悯人的情怀。所以这就又成为我们的一种志向。

克：所以你想说宗教之心是没有理想的？

斯：克里希那吉，我们怎能说宗教之心是类似理想而不是一种思想呢？

克：从字面上理解的话，也许"宗教之心"会被解读为一种思想，而不是理想。就我个人而言，我自己并没有建立一套完整的理想和概念。"作为一个宗教者，我必须要这个样子"，这是一种概念、一种模式。这种理想经过了认真的考察分析，然后得出结论，"没错，就是这样，如果你不像那个样子，你就不是真正意义上的宗教者"。

斯：我的问题其实是：我们是否也能通过摒弃一切所谓的理想来构建我们真正的理想？

克：当然。

斯：所以，当我们否认内心的想法时，我们该如何说服自己呢？我们就当这些想法是普普通通的念头，还是真正地发现它的正确性？

克：没错，当然是后者。

斯：所以如果有人说宗教之心就是指一个人有同情心或

谦虚的品质……

克：不，我对此观点不予置评。我只会对"宗教之心不是什么"提出异议。

斯：您没有一个肯定的表述吗？

克：对，没有肯定的。通过这次小小的讨论，我认为宗教之心不存在发展的理想和目标。

阿弛：在我们日常生活中，我想要我们的学生……

克：我谈的不是学生的问题。我不知道什么是宗教生活，不知道什么是宗教之心。等我明白了这一点，我会讲给我的学生听。但是，现在我们的重点不在学生。你是否认为宗教之心没有信仰、没有理想、没有一步一步朝着概念的方向发展？你们都是怎么想的？别顺着我的话。

阿弛：如果一个人只是坐在家里什么也不做，这确实是没有任何追求的行为。

克：不，不，我并不是什么都不做，我做的事情很多。我在探索：什么是宗教生活，宗教之心有什么可贵之处？这是一种不与学校或某种现有的环境要求相关的头脑，就是纯粹的宗教之心。什么是宗教之心？圣徒有宗教之心吗？教皇有宗教之心吗？当今世界里，许多宗教组织里的伟大领袖，像商羯罗等人，他们有宗教之心吗？我一直都在探索这个问题，但我并没有说他们没有宗教之心。那你们呢？你们是否摆脱了信仰的束缚？

施：甚至说什么都不相信？

克：是相信，不是不信。

施：说"我不相信"也是一种态度的标榜。

克：哦不，也许你不喜欢"信念"或者"信仰"这个词。你明白信念、信仰这类词的含义吗？宗教之心不追求任何理想。这种坚定的论断是说，一颗纯粹的宗教之心不会有任何成就。你是否同意这种说法呢？

AK：如果我持肯定态度，那么也许这只是说说而已，因为我并不知道自己是否有宗教之心。

克：先看看其内在的含义。我不了解数学或历史，你来教我这些。我听你讲解后会说，"老师，这个也许是对的，这个也许是错的。"我们会产生疑问，不是吗？在这样的氛围中，我们不断地质疑世界上的一切现有的宗教行为——研究基督徒、佛教徒、穆斯林、印度教徒，还有来自中国的宗教者。研究人的所有宗教需求。现在我们发问，什么是宗教思想？它是否根植于某些概念、有理想可依？它是否相信上帝，相信主耶稣，相信佛陀，或是它所祈祷的某种外在的实体，希望从它敬仰的对象身上寻求帮助等。这就是一般人理解的宗教生活，所以，诸位能否把这种一般意义上的理解暂且放在一边，去发现什么是真正的宗教生活？

施：这非常简单。

克：那你们会去发现吗？

施：我们已经这么做了，先生。

克：好，既然你们已经这么做了，那就说明你们无意成就某些事情。因为我无意"变得"更高尚，所以我对高尚没有明确的衡量标准。你们会发现这更难界定，比方说我不会"更好"，对于"更好"、"更少"、"更多"等表述没有明确的衡量标准。

斯：一旦人内心有了一种自我意识，是不是就总想去成就某些事情？

克：我暂时还没想到自我成就的问题。每个人成就自我的途径和方法各不相同。先把"自我"放在一边，现在你们不要瞻前顾后，先观察事态的发展状况。

阿弛：我们可不可以这样想：我们每个人都有意无意地生活在一种环境框架里，人与人之间时刻都存在着交集。而正是这种交集，是一个人成就自我的过程。

克：这只是一部分。成就意味着时间、权衡，还意味着一个未来世界。一个人是否能超脱这一切？当你说"没有理想"，那这一切都不言而喻。从某种程度上说，在一个人口更多，幅员更辽阔的国度，要承认"是的，我没有什么理想"是相当困难的一件事。它向人们传达的整体感觉就是我要注意我的用词——没有未来。

瑞：当一个人说他已经做到了，这是否说他已经有了自我成就感？

克：我无法解读他的思想，只能等他亲自告诉你。

施：我说的是如果所有的宗教都能实现。

克：所有与宗教有关的事情。

施：都是很简单……

克：当然，他们都很单纯。但是深入地想一想，没有理想说明了一点：从"是什么"到"应该是什么"并没有任何衡量标准。因而你只需要考虑"是什么"的问题。但如果没有理想，那么你就只需要考虑实际情况。你接受这一点吗？那就是我为什么一直问的问题：宗教之心是否有完美的标准？有一种成就意识，是否有意去建立某种衡量标准？比方说，"现在我是这个样子，但是一年之后我会有所不同。"我们的生理和身体一直都在不断变化，但我们谈论的不是这种变化，从心理上讲，也没有任何衡量标准。做人一定要认真，否则，如果没有未来，一个人就会变得消沉。理想就是未来。一个人如果没有理想，就没有未来，最终会陷入困境。如果用"希望"这个词表达这层意思的话，那就是，我没有希望。我想知道你们明白这一点吗？

阿弛：先生，您完全放弃了努力。

克：不。难道我没有认识到这一点吗？我难道把理想就此束之高阁吗？我只是认为理想没有意义。

G. 纳拉扬：您说"我对成就没有兴趣"或"我否认人的成就"。

克：不，我没有否认。我们是在表示质疑，而不是在定义什么……

G. 纳拉扬：不是在定义什么是宗教之心。

克：对。我认为宗教之心没有理想。

G. 纳拉扬：您也说过不存在某种成为的结果。

克：理想就是一种成为的结果。

G. 纳拉扬：是的。那就会出现一种个人分裂成某个独立个体的风险："我不是在成为一种什么人，而是处在某种存在的状态中。"

施：我就是我。

克：等等。他说，"如果我不准备成为某种人，那么我就是我自己。"先生，根据犹太人的传统——据我了解，只有耶和华或无名氏才会说"我就是我"。你明白这其中的含义吗？

G. 纳拉扬：您说出了我想说又不敢说的。

克："我就是我"蕴含的意思是：犹太人的传统认为，除了耶和华之外，没有任何人能说"我就是我"。我可能误读了这句话的含义。

G. 纳拉扬：是的，我听说过这样的说法。

克：所以"我就是我"说明思想没有改变。

G. 纳拉扬：但是一个人的思想多多少少总会改变的。

克：不，你没有理解我的意思。我并不是在谈论你能说什么或我能说什么。我们要搞清楚什么是宗教之心。通过讨论，我们认为宗教之心没有理想，不存在"我现在是这样的人，以后我会成为那样的人"，"我是一个贪婪的人，但给我一年时间，我就会变得清心寡欲"等等想法。这些有待世俗标准、时间等各种因素的检验。你是否认为宗教之心能超脱这一切的束缚？不是超脱于时间之外——那样太难了，我们不从这个角度探究，而是超越种种衡量标准、超越自我实现、超越理想。

提问者 1：这需要比较。

克：权衡就是比较。继续思考，你们是怎么想的？

阿弛：所有的这一切都来自于思考。

克：很显然，它们都是思考的产物。我们共同思考去发现问题的真相，去找出问题的答案。我们首先运用语言交流，一起思考问题的答案。语言是思维的反映，所以我们能够互相沟通与交流。但我们认为，宗教之心不仅仅是用言语表达出来的，这只是其中的一个环节，对吗？

施：一个人真的能做到没有任何改变也能看清一切吗？

克：老朋友，我们以后会讨论到那一层，但要等你理解了我说的之后再去问这些问题。

施：我已经理解了你说的。

克：从本质上还没理解，如果真的有一种我们说的宗教之心的话，那这一切将不复存在。对谬误的否定即为真理。

对我而言，完全理想化的存在是很荒谬的。自亚里士多德之后，公元前 5 世纪以来，人们认为整个世界是建立在理想观念的基础之上的，但你我这些无名之辈却站起来驳斥这种说法的荒谬。这或许是无可辩驳的真理，也可能是我们在挑战权威。

施：我们必须对我们所思考的抱有怀疑精神。

克：没错。对我们所否认的也要持怀疑态度，或者对我们经历的事情和坚持的信仰都要存有怀疑精神。现在我必须回到之前那个问题上：一种宗教之心可以不受任何理想的束缚，你们是否认同这一点？我们是否都在考虑这个问题？我们所有的学生，所有的家长都有他们的理想和目标。里根总统有他的理想，撒切尔夫人有她的理想，这个国家亦有理想。先生，我们面临着什么，你是否明白？要么我们是正确的，完完全全地正确，要么就是他们的思想无可指摘。一个人不可能没有思想倾向。

施：所有的宗教都有理想目标。

克：那就是我一直在说的：要么说他们毫无意义、充满谬误、虚无缥缈，要么就是他们没有问题，而我们的思想观念是错的。你不可能……

施：……两边都占理。

克：对，不可能。所以说理想是思想的投射，是对客观事实"是什么"的一种逃避。在希腊语中，思想的含义是

"观察、发现"，不是我们所一贯理解的那个意思。所以我们是否摆脱了理想的束缚？如果我们想要建立一个宗教中心，一个在瑞希山谷的"宗教"中心的话，我们有一群彻底摆脱理想束缚的人。

阿弛：那难道不会变成一种理想——我们想要的理想吗？

克：不，当然不会转变，当然不会。说说你是怎么理解的？

阿弛：这种转变必然会发生。

克：不是"会发生"。你知道拥有理想的荒谬性，那么你就不能把这种转变当成一种理想。

施：那我们就继续挑战权威。

克：当然，当然。现在，我们俩看法一致了吗？由两个人到 10 个人，15 个人，20 个人，最后我们所有的人都在这个问题上形成一致看法吗？

提问者 3：要理解这个问题很困难，因为一个人在日常生活中用"宗教"这个词时，它并不是指你的发现，而是另有所指。

克：我不是这样理解的。

提问者 3：我尽力想表达这么一层意思：如果你将所有理想都抛弃了，你同时也就放弃了一切目标和实现目标的途径。

克：没错，没错。通往目标、终点和目的的道路，这一切都能归结到一个词里：理想。

提问者 3：但我们很难看清这一点。

克：看清什么？

提问者 3：看清其实你并没有一条明确可走的道路。

克：当然，当然。道路、制度或方法为你指引方向，将你从此处带往彼岸。而我们恰恰却否认彼岸的方向，这中间有什么困难吗？我知道这是非常复杂的事情。如果你否认事物发展的方向，比如它未来的样子，那么你如何面对它初始的模样？暴力是没有未来的，你明白吗？在印度，经过多年非暴力思想的宣传后，我们都对非暴力的理想坚定不移。这似乎很荒谬：我明明是个暴力之人，却还要假装不暴力，或者宣称"我在亲身体会和实践非暴力"，或"我正在尽自己最大努力变得不暴力"。这实在是非常荒谬。你可能会赞同我认为荒谬的说法，而全印度的人却真的相信这些。所以我们一直在问：什么是宗教之心？我一直坚持认为，理想化的思维绝非宗教思想。那也是刚才我说的，我可能会有错。那么就请看在上帝的分上，修正我的错误，帮我纠正，改过来，然后告诉我的说法完全是错。然后我们再讨论这个问题。

阿弛：我完全同意你所说的。但是我有一个问题：一个人能够一天24小时没有任何理想地活着吗？

克：先生，你要亲自去找这个问题的答案，你会弄清楚，弄明白一个人如何能在 24 小时，或 100 个小时都不带任何理想地生活着。为什么我们非要有理想不可？为什么我们要有理想？

瑞：您所说的是：别空谈什么理想、目标或道路，而要活在当下每一刻。

克：先别急着这样表述，别说什么"当下每一刻"的话。

瑞：那不是这样的话，一个人一定要有所追求。

克：是的，没错。看看。我暴力。如果我不心怀非暴力的理想，我便只剩下暴力。暴力的感情充斥着我的心，我已经没有弃恶从善的理想了，只有一身戾气。不是吗，先生？

施：但是这种能认清暴力的思想有什么可贵之处呢？您也许有这种思想，可是却有杀人犯想变得暴力。

克：我说的不是那种人。

施：杀人犯不想成为一个非暴力的人。他想让自己沉浸在暴力的情绪中。

克：不。他想要的是表达他的暴力。杀人、伤人，甚至批评他人都是暴力的表现。你们有这样的倾向吗？

施：我不知道。

克：不知道？你想表达你的暴力吗？把我打一顿？

施：不。

克：打别人？

施：不。

克：模仿别人？

施：不。

克：遵循你认为正确的事情？

施：不。

克：那是暴力的全部。从我刚说到的开始，不要再深入探究了。就从我们理解的开始讨论，好吗？

施：但是这些都是非常简单的事情，我想自己能解决的。

克：那就是的问题所在：暴力。这个问题的难点在哪里？我们大多数人心中都有暴力的一面，我们都尽力想变得温和不暴力。

施：这一点我很清楚。

克：很清楚。现在我要问的是，一个心中只充斥暴力而没有非暴力思想的人有怎样的行为？他会如何面对心中的暴力？

施：他不会表现得暴力，但是能认清心中的暴力。

克：然后呢？

施：我不知道，因为大多数时候，到这里我就没有再思考下去了。

G.纳拉扬：暴力之人通过不同方式表达他心中的暴力，

但是克里希那穆提所指却有所不同。你看，有一种暴力之人想要表达内心的暴力，还有一种暴力之人，他们心存非暴力的理想，假装表现得仁爱、温和、非暴力，但是他自始至终都是暴力的，也从未正视过内心真正暴力这一事实。还有第三种可能，那就是正视内心的暴力，不把追求理想作为暴力藏匿的避风港。

施：对我来说那是一种理想。

G. 纳拉扬：你可以开始辩证地去看待这个问题，就像对数学中的不同公理进行分类一样。我刚才说的第三种可能就是认清某些问题，而不一味地逃向它的相反面。有时候对待科学的态度需要这样的逆向思维。比如说，假如你用显微镜观察某个东西，你不可能依靠以前或其他的背景知识去完成。这就是一种纯研究的态度。所以当你研究某一事物时，不需要从它的相反面去看待这一事物。

克：先生，你是否正视过你内心深处的暴力？正视它，不要说“我一定不能这样，我就是我”。你在不断地认识自己。你认识到了你心中的暴力吗？这种认识？

施：很显然，我并不知道对于这种问题我该做些什么，一直都很困惑。

克：想简单一点，简简单单的。你内心有暴力的倾向，每个人都有暴力的一面。你想知道这种暴力背后的根本问题是什么吗？

施：我当然想知道。

克：这说明什么问题呢？当你想要去深入了解某些东西时，这个过程会有什么收获？

施：会投入很多。

克：你真是太聪明了。你们都怎么了？我不懂数学，所以我要向你们学习。这是什么意思？我一点都不懂。

施：我们从头开始吧。

克：好，从头开始。我什么都不懂，所以你来教教我。换句话说：我很好学，有求知欲，想聆听教诲。现在，我想了解什么是暴力。如果我心里先有了非暴力的概念，那我就不能够了解什么是暴力。所以你必须先把非暴力这个问题放在一边，可以吗？先把"我一定不可以施暴"这些概念和理想都放一边，可以吗？然后，你去了解什么是暴力。如果你脑子里乱糟糟，充斥着我们之间的对话，那你就不可能了解什么是暴力。所以想得简单一点。你能做到简单地思考吗？你正在这样做吗？暴力指的是有意去伤害他人，是发怒。但暴力也包含其他的内容：模仿、服从或是义愤填膺的感觉。所以我才要了解什么是暴力。我并不是要变成一个非暴力的人，而是了解这种东西的内涵。大门已经打开，你能够将里面看得分明。所以我们认为宗教思想是一种非暴力的思想，因为它正确审视思想中的暴力倾向。我能正视我心中暴力的一面：我内心有伤害他人的冲动，所以我有暴力的一面。遇到一些事情我会生气、嫉妒甚至发狂。我一直都在了解内心的这些想法，这是一个无止境的过程。因为暴力有多种表现形式。所以我认清暴力是什么，但是我自己并不会转变。从头到尾把有关愤怒的书看一遍，并不是说我就会了解什么是愤怒。我还在学习中，不是吗？那么你们是否认为：宗教之心永远在学习，但不轻易下结论？你们怎么认为的？

提问者 1： 您意思是不是说，宗教之心活在当下？

克： 你没有理解"当下"的含义。如果你不了解过去，你如何能做到活在当下？什么是当下，先生？

提问者 1： 过去即当下。当下只是过去的另一种形式。

克： 什么是当下？告诉我什么是当下？是钟表上的分秒时间吗？

提问者 1： 不是。

克： 那你说当下是什么意思？

提问者 1： 当下是事实，是事物本来的样子。

克： 所以你割裂了当下和过去的联系。你把当下和过去分离开来。

提问者 1： 我没有。

克： 所以过去就是当下，是一种变相的，略微改动的现在。不，先生。那就是为什么当你说我们一定要活在当下时，我会不明白这句话是什么意思。

阿驰： 当你考虑诸如愤怒这种问题时，实际上要这么去理解：一个人随时都可能爆发情绪，但实际上，我们的大脑可以控制、压抑这种愤怒，而且意外事件极少会……

克：引发愤怒。

阿弛：所以我们要深入地探讨这种形式的暴力。

克：看，我想知道什么是宗教之心。最起码它应是一种智慧的思维，但也可能不是。我想找到这个问题的答案。所以我才会摒除一切不能称为宗教之心的观念。我说过，理想化的思维不是宗教之心。哦上帝啊，你们意识到了我们在说什么吗？就是说我们彻底反对整个理想化的世界。我不知道你们是否意识到了这些。所以结论就是：宗教之心没有理想，要发挥宗教之心的作用，凭靠的是事物的本质而不是概念或其他的任何观念。

R. 尚克尔：克，您刚提到模仿也是一种暴力。这是一种很奇怪的说法，因为所有的理想都可能源于模仿的渴望和追求。那您意思就是说，拥有理想是暴力的一种表现。所以我们认为非暴力的本质是建立在暴力基础之上的。

克：确实是这样。

R. 尚克尔：但是孩子们在学习的过程中一直都在模仿，难道说这种模仿也存在暴力？

克：你啊，就先别想孩子的问题了。我们在说你自身的问题。我与学校没有关系，你们与学校没有关系。你们不是老师，你们先是普通人，然后才是老师。如果我们想建立一种"宗教"，这个是要打引号的，或者探求什么是宗教之心，我们会说上述的话是宗教之心的体现。

R. 尚克尔：您能解释一下模仿是怎么跟暴力联系起来的吗？

克：好的。我为什么要模仿？模仿就是说我有一个效仿的榜样，对吗？这意味着什么呢？意味着我要遵循其一言一行、原则和观念。一切都要效仿，它有怎样的影响呢？

拉德希卡：我要声讨"现实"。

克：说得对。我在声讨现实、批判自我。那么，什么才算是暴力？

R. 尚克尔：不止如此，我还认为模仿反映出一个人有野心，而野心也是暴力的一种表现，不是吗？

克：当然。我们之前就说模仿是一种暴力。所以大家都明白了吧？我们是否思想一致？看在上帝的分上，抓住要点，说出要点。我们是否思想一致呢？我们是否都看清了这一点：笃信"宗教"（宗教打引号）的思想或超然的头脑中不存在任何理想？

R. 尚克尔：我能提另外一个问题吗？照您这样说的话，是否在像我们学校这样的地方，不存在什么内在的行为模式？

克：是的，没错。没有特定的模式。

R. 尚克尔：没有任何的行为模式。

克：没有。

R. 尚克尔：我感觉我们每个人必须看法一致。

克：那是我一直强调的一点。我们是否能在这个问题上达成一致看法？你们怎么看？这可是我们的家庭作业呀，不是吗？[笑声]

提问者 1：如果暴力是我所有思想的最终产物，你觉得我会对它视而不见吗？

克："最终产物"——是什么意思？你的理解是"我身上始终都有暴力的因子"吗？

提问者 1：是的。

克：人毕竟是动物，所以会带有暴力的一面。我只知道，暴力是人存在的一部分，对非暴力的概念我却一无所知。一个人只要活着，暴力就会伴随他，成为他生命的一部分。暴力的思想不可能是宗教思想，这也是我一直在强调的。所以，纵然暴力是与生俱来，已经融入我生命里，伴随我过去的成长，所有的一切都有暴力的影子，那我有可能彻底地摆脱暴力吗？与暴力绝缘。这不只是一种理想。一个人是否能摆脱与生俱来的东西，比如身体的一部分，你的鼻子，你的脸，甚至摆脱生命的一部分？会有一位智者走过来告诉你，说你能够摆脱这与生俱来的东西。他会说：除非你能摆脱暴力的束缚，不然你就不可能成为一个纯粹的宗教者。宗教的重要性在于，它能够创造出一种新的文化。他还会说，如果你想活在以暴力为基础的现实生活中，那你就必须不受暴力的影响。你可能会说"请带我走出暴力的阴影"，或"向我证明，我们需要沟通、需要对话、需要讨论一个人是否真能够摆脱暴力。让我们实实在在地进行一场智慧的对话吧"。

施：但是，如果我毫无头绪的话，我怎样和你对话呢？我毫无头绪啊。

克：你什么没有头绪？

施：有关暴力的讨论不是像课堂里的那种对话。

克：你不知道什么是暴力？当然了。

施：我知道什么是暴力。

克：知道就好。那我们来谈论这个话题。

施：我只能谈谈我自己是怎样表现暴力的，以及我为什么有暴力的一面。

克：不，不。我们可以谈得再深入一点。看这个，这是一本书，对吗？

施：是的。

克：我们把这些章节和内容都看一遍吧。

施：现在看不了呀，这本书要每天慢慢看。

克：你现在先大致浏览一遍。这会儿你时间应该够……

施：我时间不够。

克：你没时间问"我能读完吗？"这就是人生，你必须来讨论这个问题。

施：我说我现在时间不够，但我不是说我明天就有时间看。

克：那你能读读这本书吗？

施：现在？

克：对。

施：就在我们说话这会儿？

克：是的，先生。

施：在我们说话这会儿我可是没有动一点歪脑筋哪！

[笑声]

克：就是这么回事，就是这么回事。现在将有关暴力的各种观念都理个头绪出来，然后审视一下这个问题。

施：也许我们能够赋予暴力一个明确的概念。

克：没有明确的概念。

阿弛：一切潜意识内的东西终将上升为明确的意识和念头，难道不是吗？这种意识一直都在。现在这一刻我也许没有任何邪念，但是它一直都藏在内心深处，在特定的时候就会爆发出来。所以我不能说这一刻我心里没有暴力。

施：这都是……

克：理论？不，先生，你是怎么研究暴力的？

施：当然，我不会像研究地理或历史那样去研究暴力。

克：那么，你是怎么去研究暴力的呢？继续探讨。你怎么研究的？你要找到这个问题的答案，你要去学习如何研究它。去学习和了解——这是什么意思？你如何学习？学习首先要做什么？你想让那个男孩学习地理，你首先想让他做什么？

施：首先要让他专心。

克：这是什么意思？专心听你讲课？

施：是的。

克：让他认真听你想要教他的内容，是吗？在这里就是要听你内心的暴力告诉你的东西。

提问者1：那就是我所说的：我们必须与内心的暴力建立某种联系。

克：是的，还要去观察暴力。

AK：可只有当暴力发泄出来，我才能认真地去审视它。

克：不，先生。我明白你的困惑。但请先观察暴力是怎么回事。你会一页一页地翻看学习什么是暴力吗？你会一页一页地认真研读不仅外在表现出来的，还有藏在人内心深处的关于暴力的历史吗？

阿弛：这仅限于个人。

克：是的，这取决于你个人。你会如何研究藏在你内心深处的暴力？继续想想看。首先，你会反观自己的内心，不是吗？你如何观察呢？怎样才算观察？告诉我你是如何做的。暴力是你存在的一部分，你会如何观察它？你在剃须时怎么注意不刮到脸的？是要从镜子里看，不是吗？

施：是的。

克：那这个过程有什么难处？

施：只是简单的看看。

克：从哪里看？只是在空气里看吗？

施：从镜子里看。

克：从镜子里看。那什么样的镜子能让你通过观察去发现内心暴力变化的整个过程呢？那面镜子是什么？

施：是关系吗？

克：不！别这么快就回答我，什么样的镜子能够让你去看到内心的愤怒、暴力产生、变化的整个过程。有这样的一面镜子，能让你看到内心暴力变化的整个过程吗？你能从镜子里看到自己的脸，不是吗？是否有这样一面能让你看清内心暴力的镜子？找到这面镜子，不要说你不知道。有了镜子之后，人们可以站在镜子前整理仪容、梳妆打扮或是欣赏自己的外表。那是否有这样一面能看清自己内心暴力的镜子呢？我想一定会有这样一面镜子的，不是吗？我们要把它找出来。

施：我们要把它找出来。

克：我正在寻找，而你没有。

施：我是在寻找。

克：那好，和我一起寻找。

拉贾斯：到现在，我终于感觉到您就像一面镜子，照出了深藏在人心中的暴力。而问题是，有没有一面真正意义上能反映内心的镜子？

克：这话说的我都坐不住了。

拉贾斯：别，别。您一直就像一面镜子。如果我不是坐在这里，聆听您的教诲，和您一起去观察思考，我就不可能对暴力有一丝一毫的理解。

克：是的。

拉贾斯：我想表达的意思是：就我个人而言，您一直都是我的一面镜子。

克：好吧。那是否有一面能够照出你内心暴力的镜子呢？你能完完全全地从镜子里看清自己的脸，那你能看到它的整个变化发展吗？

拉贾斯：您说的"整个变化发展"是什么意思？

克：你能在镜子里看清你整张脸，不是吗？无论是正着照，还是侧着照，你都能看清，只要镜子足够大。现在，是否有这样一面镜子，透过它，你能清清楚楚地看到内心的暴力？或许这面镜子不存在。所以我才会问，到底有没有这样一面镜子呢？我现在把这个问题放到你们面前，你们是什么答案？

施：我们停止了思考。

克：不要停。你们是什么答案？

施：我们会找到问题的答案。

克：那就对了。你们如何寻找呢?

拉贾斯：我自己的模样反映在那面镜子里。但是这面镜子不清晰，它照出来的是一个失真的形象。

克：那它为什么不清晰呢?

拉贾斯：我一直都在看呢。

克：你想得太复杂了，哦天哪，你什么思维呀，说来说去都是同一件事。

G. 纳拉扬：实际上，我觉得他的意思就是：镜子就是关系。

克：他说过的，我知道。我想让他再深入去思考，去寻找。他那样说难道不是简单地重复么……

施：不，先生，不是。

克：等等。我马上给你们阐明这个问题。如果你们认为通过人与人之间的关系能看清完整的暴力，那么关系就是那面镜子。

施：独自一人坐在屋里，我是看不见我内心的暴力的。

克：所以在人际关系中，你才能看到暴力的整个表现和变化，不是吗? 又或者说暴力存在于关系中只是一种观念吗? 各位是否明白我说的意思? 我看你们一个个都疲备不堪，大家不容易啊，还不能适应这种反反复复地折腾一个话题吧? [笑声]先生，你刚说在关系中你才能看清暴力的整个表现和变化。为什么要这样说呢?

施: 在与一些人打交道时,我曾认为自己无论如何都不会是一个暴力的人,但是很多时候我表达出暴力,别人却没有察觉。

克: 所以你发现在人际关系中,你能看到有关暴力的东西。

施: 某种程度上是的。

克: 某种程度上。那么现在你能看清暴力的全部吗?它的一点一滴,日复一日,你都看得明白?如果你用了"一点",那就说明你已量化了暴力这种抽象的概念。

施: 是的,我已经量化了暴力。

克: 所以你要注意了。我明白关系的重要性。在人际关系中我能看到自己的种种反应,我令人厌恶的一面,我各种各样的表现。现在,人际关系这面镜子真实得就像挂在墙上的镜子一样,透过它,我能看清自己内心的暴力,但也只是一部分,因为只有在"照镜子"那一刻,我才表现出了自己暴力的一面。现在我想问你们一个问题:我能看清暴力的全部吗?如果你们能像之前说的那样,能看到暴力的一部分,那你们为什么不看清暴力的全部?你们的阻力是什么?问问自己,是什么阻止你们看清暴力的全部?然后继续探究这个问题。如果我能看清一部分,为什么我不看清全部呢?

施: 也许我并没有看个明白。

克：你看，你心里已经准备好了一个答案了。如果我能看清暴力的一部分，为什么我不看清它的全部呢？

施：因为你没有全面地去观察和审视它。

克：哦，不。不要说这些。当你看到了某个东西的一部分时，你难道不想看看它整个是什么样子吗？或者说你只关注那一部分？

施：我想看到全部。

克：不，你没有理解我的意思。如果你注意力只集中在那一部分上，那么你就看不到其他的部分。所以你就会一叶障目，不见泰山。我想知道我说的各位明白吗？

拉德希卡：这是一种片面的视角。

克：是的，难道不对吗？所以如果有这么一面镜子，不是那种真正的镜子，你能从中看到暴力的整个表现和变化——如果你足够聪敏的话。就是那了。但是如果你比较迟钝，你只会答道："是的，我能看见一部分，为什么我看不到其他的部分呢？我这是怎么了？我必须培养我的观察力。"你明白吗？我的意思是说，要想观察暴力的全部变化，你必须和这种变化保持同步。这就意味着你的大脑要格外地灵敏，这就要求你必须有超乎常人的聪敏，这样才能观察到暴力的全部。看看这整棵树，不要只单看它的枝桠，而是从整体上来看这棵树，一棵多么美丽的树。你看到过这些树中的那一棵么？如果你从整体上来看，就会发现它是多么与众不同。你都不需要一片一片叶子地去观察，去研究，它就那样静静地长在那里。

现在，你们是否认为宗教之心是一种能够全面地看待问题的思维？如果你能看到宗教组织的全部活动，如果你能看清它的全部，那么你就会摆脱它的影响。你没有加入其他的宗教组织或创造其他的新思想。现在，你是否已经脱离了宗教的影响，彻底地摆脱整个宗教的，或者说所谓宗教有组织的宣传，以及和其相关的信仰、信念、教诲和仪规？彻底清除这种想法吧！它已经消失了，不是吗？这是我要强调的一点。

另一点是关于理想。理想要复杂得多。从世俗的衡量标准考虑，你不会往好的方面去想，你不会这样想"我比昨天更好"。这话说起来让人听着厌烦。你是否已经摆脱了理想的束缚？因而无论遇到何种情况，你都不会用世俗的标准衡量自身，也就是说你不做比较，不拿你自己和任何人做比较，说什么"哦天哪！他多么优秀啊。我应该像他那样。"不管哪一行都不去比较。所以，尽管这世上已经有了明确的宗教活动，但如果你不认可现有的宗教活动，如果你摆脱了一切理想的束缚，那么你会有什么变化？你的大脑会有什么变化？你那挣脱束缚的思想会有什么不同？如果你的大脑和思想都实现了独立和解放，你会有什么不同？实现思想上的独立和解放，从理想、信仰、仪规以及一切非同寻常的东西出发，从这些以宗教为名义进行的一切活动出发，去实现思想和头脑的真正解放。

施：要实现思想上的解放，你必须忽视这一切。

克：你已经做到了这一点。告诉我，你思想上有什么变化？

施：真正自由了。

克：是的，没错。然后呢？你现在是什么心态？我们暂且用"心态"这个词。当你说"已经清除了一切的杂念"时，你是什么样的心态？

施：充满力量。

克：等你完全想清楚了再说。你明白这种心态意味着什么吗？

施：意味着有了正直的品性。

克：这说明什么问题呢？在宗教之心和理想这两样东西面前，你非常坚定不移。正是因为你的思想如此坚定不移，你才能意识到它们是很荒谬的，不合理的。因而你就拥有了非常正直的品性，这种正直就如海洋中的岩石一般坚硬。

现在我们再回到最开始的问题上：你遇到了这些学生，他们与你是什么关系？务必记住你是个思想坚定的人。宗教、理想统统都甩掉，你就像一块岩石一样坚硬。学生在你心里处于何种地位？他们彼此之间有什么关系？他们对你怎样？难道你不知道吗？先生，融入到这群孩子中去吧！

施：我对他们充满感情。

克：不，不要说这样的话。他们总是会遇到普通人……

施：和这样的问题。

克：这样的问题。因此他们遇到的人里没有一个是思想坚定的人。那么然后呢？你们总能遇到那些一直都在努力，思想不断变化，有理想并勇于尝试的人。我接触这样的人，他们会说"我们一贯如此"。看看那个男孩，他对你是什么印象呢？他常常遇到一些思想摇摆不定，朝三暮四或是冥顽不化的人。而你并不是顽固之人，那么接下来会怎样呢？当我遇到一些人说"我们一贯如此"，会发生什么事呢？就算经历了各种争吵辩解，他还是说"我们就是这样"。那么我就会说"上帝啊，我从来没遇到过这样的人！"你所表达的东西对我来说是人生头一回遇到。

施：就像我与你之间的关系。

克：啊，啊[笑声]。我知道。别把我考虑进去吧，我在刻意回避这个问题呢。

施：先生，您为什么要刻意回避这个问题？

克：也许明天我就不在了。死了。

施：是的。

克：是的，先生！我遇到一个人，他如清水一般没有任何自己的倒影。纯粹而可靠！你知道对于其他人来说意味着什么吗？当你遇到这群孩子们时，你能表现得像那个人一样吗？思想坚定！所以我们需要去找到问题的答案。

一种宗教之心独立于世界上任何有思想主导和有组织性的宗教团体。它也没有任何要追随的理想。这就意味着，宗教之心只与事实相连，与"是什么"（事实）和现实的转变——不，不是转变，而是与"是什么"（事实）的结果有关系。它与理想无关，与结果有联系。我心存暴力的一面，我只关心暴力的结果，暴力的产生和变化的过程，以及我们能否摆脱暴力思想的束缚。那么宗教之心还有什么其他的特别之处呢？

施： 能量。

克： 你拥有一种能量。当你没有做错误的事情时，你便拥有了正能量。除此之外，能量还有其他的表现吗？我认为能量驱走了冲突——无论是一个人内心的矛盾还是外在的与他人的冲突，能量让这个世界充满爱，有了爱就有了同情和智慧。这就是结果！你能终结内心的冲突吗？当你告诉学生不要产生冲突，除非它深藏于你内心，不然的话，学生们就会嘲讽你，"没错，他是个伪君子，听这人讲话简直是无稽之谈。"我们现在最好停止讨论这个话题。

G. 纳拉扬： 先生，我想要问您：我认为我们这群人应该经常碰面，但是还有其他一些认真求索的人来到这里，想要加入我们这个群体。

克： 那就把他们带过来。

G. 纳拉扬：比方说，BR 想要到这里来。

克：那你为什么不带他来呢？

G. 纳拉扬：我告诉他这是一群教师的队伍，那他就应该……

克：这样的问题就请不要问我了吧。

G. 纳拉扬：好，这些集会仍然照常进行，但我们能邀请那些认真求索，想要加入我们的人来参加吗？又或者说我们的集会其实只对教师开放。

克：不，不，不。

阿弛：困难就在于，很多时候，问题是在我们中间产生的，我感觉如果你想要讨论这些事情，你可能觉得把外人拉进来是一件很尴尬的事情，因为那样的话，你们就不能自由地交谈了。

克：那样我们就不能谈学校的事情了。

阿弛：这就是我说的：没有学校的事，就没有个人的事。我们的宗旨应该是围绕教诲，围绕我们共同努力的方向。

克：先生，我们一直都强调的是，我们希望瑞希山谷不仅仅是一所学校，而且还是一个比学校更有意义的存在。所以，如果像 G. 纳拉扬说的，真有人对建设我们这所学校感兴趣，那么就让他们来吧。

G. 纳拉扬：我之所以要特别提出这个问题，是因为在今年一整年里，我们看到了许多认真求索的人。如果我们与他们聚在一起,彼此互相交流思想,他们也会想要成为我们中的一员。他们有可能是学生家长,一位父亲或一位母亲,有时候也可能是在蒂鲁伯蒂(位于印度南部的安得拉邦)或马德拉斯工作的我们的某个朋友。

克:我会带上他们,我会把他们带到这里的。

拉德希卡:我们能否像 G. 纳拉扬说的那样,确立某种标准,让那些视不断求索为生命的一部分的人能够加入到我们的队伍中来?

克:当然,他们应该加入到我们队伍中来。

拉贾斯:但是,我们为什么一定要用我们的标准去评判他人的严谨程度?

克:先生,我们说得很清楚,我们是认真严谨的一群人,而且也强调了,"如果你是个认真求索的人,那么欢迎你的加入。"如果你不是,那么我们谢绝你前来。道理就这么简单,我们简简单单就好。

瑞希山谷学校

1982 年 12 月 14 日

4. 让矛盾停止

我们要去弄清楚一个人能否过没有任何矛盾的生活。在这个探寻的阶段，我们会质疑赞同和反对之间是怎样走向分歧的。/一个发展中的宗教团体内部一定不会有任何矛盾。/宗教形象给人们一种认同感和踏实感，但还有一种孤独之感——因为我若靠着腐朽的信念而活，我的大脑也会丧失生命之光。/要看清的是，一个人心中的印象本质上是有分歧的，矛盾由此产生。/所以，怀着一颗仁爱之心，我们共同去建立一个宗教中心。/我们齐心协力，不仅仅是围绕某个人，某种理想，也是为了呼应这种合作的精神。

克：我们再重申一遍：在拉加哈特、贝拿勒斯等地，我们所有人组成了一个核心群体，即全心全意致力于教诲的一群人。并且我们也形成了一个——请允许我用这个词：宗教团体。而且我们也认为在瑞希山谷也应该有这样一个团体：一群心忧天下、致力于教诲的人。我们暂时用"教诲"这个词来代表克所说的一切内容。我们还认为瑞希山谷学校不仅仅是一所一流的学校，而且是一个宗教中心。我们这里所说的"宗教"不是那种正统的、传统的、想象的、浪漫的、荒谬的宗教。前几天我们还探讨了什么是宗教之心。"宗教"这一词从源头上来说，含义并不明确，没有一本词典对这个词的词根给出确切的解释。但是，在否定了一切非宗教之心以后，我们就能或多或少地发现我们心目中真正纯粹的宗教之心。

我们说过，带着某种理想的思维不是真正的宗教之心，因为在某种意义上，理想是一种投射，它反映的是事物理想的状态，某种结果、目标、目的以及某些事物的概念上的表达，但这些都不是事物本来的面貌。我们曾说过这样的一种思维只能在理想中发挥作用。在理想化的状态中，我们追求思维设定的某一个方向。这并不是真正的宗教之心。同时我们也认为宗教之心不是指全心全意地信奉，而是一种带着怀疑一切的精神去探究的思维。权威的说法在这里站不住脚，阶级性的人生观也毫无意义。所以我们没有"我相信某些神在我们想象之中"或者"我相信我应该那样"等这样的信仰。我们也说过，这一点更加难懂，宗教之心不会产生矛盾，因为它深谙矛盾的本质，并且消除了矛盾。

我认为我们已经理解了这一点，不是吗？我们能想得更深入一些吗？我们想让瑞希山谷成为一个宗教中心，而不仅仅停留在学校层面，但从某种意义上讲，它是要成为一个不受任何信仰、理想约束的宗教中心。理想是非常非常复杂的事情。无论从内心还是外在的人际交往，我们都务必要停止矛盾。这就是我们上次聚在一起讨论得出的一个结论。现在，我们能讨论这个问题吗？我们去讨论，不是说让我来讲、来解释这个问题，而是要共同去探讨，去发现一个人是否能过一种没有任何矛盾的生活，不仅仅内心没有矛盾，而且与人交往、沟通和社会活动中也没有任何矛盾。不仅不会制造矛盾，而且在明白了矛盾的本质后，能终结矛盾。我们能深入地探讨这个问题吗？

阿弛：当一个人能冷静地观察矛盾时，您是否认为他具备宗教之心？

克：现在，让我们弄明白我们所说的矛盾是什么意思。你说的矛盾是什么意思？一种挣扎，一种挣扎在"现实"与"理想"之间的感觉。一种矛盾的感觉，或是一种表达，表达个人内心的矛盾：说一套做一套。以上我姑且称之为矛盾：说一套做一套，这其中充满了自负、虚伪，丧失了诚信正直。那么你说的矛盾是什么意思？

G. 纳拉扬：我们可以从西式的角度去看待这个问题。关于矛盾有两种理念，一是减少紧张感，另一个是当一个人遇到巨大的挑战时，就会产生一种并非源于矛盾本身的紧张感。

克：所以我们要弄明白何为矛盾。

G. 纳拉扬：是的。明白其中的关系，矛盾和……

克：和挑战？

G. 纳拉扬：紧张和挑战？

克：是的。当一个人受到挑战时是什么状态？我现在要挑战你，这种挑战是否能唤醒内心深处的某种想要辩解的冲动，继而出现了矛盾或者抵触情绪，就产生了矛盾？或者有这么一种挑战，你却毫无反应、冷淡地观察它。这是什么挑战？

提问者1：如果我们仅仅去观察挑战，那么我认为在这一过程中不存在什么矛盾。

克：但是有阻碍的地方就有矛盾。

提问者1：不是的。没有任何阻碍时你就仅仅是个旁观者。

克：这是两码事。你所说的"观察"是什么意思？

提问者1：意思是仅仅去观察，不需要得出某种结论。

克：没错，是这样。

提问者1：不需要判定你说的是对的还是我的想法更正确，只需要做到聆听就够了。

克：那就是说你对挑战无动于衷。

提问者1：不是。

克：你不抵制挑战，就是说你根本不接受挑战。

提问者1：不。

克：或者说否定挑战。

提问者 1：不。

克：那你怎样去应对挑战？你既不否定挑战，也不接受挑战；不抵制挑战，在冷眼旁观矛盾的发生时，不会制造任何阻碍，如果以上的这一切对你来说都是否定的，那什么是你应对挑战的方式？

提问者 1：根据实际情况来应对。

克：你说的"根据实际情况"应对是什么意思？

提问者 2：没有阻碍，没有想象，只是简单地去面对挑战。

克：不好意思，我现在就在挑战你。

提问者 1：您为什么要来挑战我们，先生？

克：我挑战你，是因为我想弄明白你说的矛盾是什么意思。那就是一种挑战。你说的是，矛盾是什么意思？矛盾是怎样产生的？

提问者 2：矛盾就是介于现实和想象之间的差距。

克：对。那是什么意思呢？比如说，我有妻子，我们之间会存在矛盾。我弟弟和我之间会有矛盾，我父亲和我之间会存在矛盾，等等。我与我的妻子是什么关系？这中间会产生怎样的矛盾？

提问者 3：意见分歧。

克：为什么会有分歧？你看，先生，我们在这里。为什么我们之间会存在分歧呢？

提问者 1：因为我们没有建立一种关系。

克：不，别把这个问题简化到关系上。为什么会存在分歧？不无外乎就是一种意见的不合，判断的分歧，结论的不同。你们是否明白我的意思？或者我用词太多了？我的妻子会和我产生分歧：她坚持她的观点，我坚持我的；她的价值观与我不同；她认为某件事非常必要，而我却持相反意见，等等，诸如此类的事。为什么会出现分歧呢？

施：因为人们都坚持己见。

克：继续，为什么？

提问者 3：我与我的妻子之间存在不同的意见。

克：没错，但是你没有回答我的问题。

提问者 3：也许是因为我不想妥协。

克：什么意思？妥协也是一种矛盾和冲突的形式。妥协会滋生矛盾。

G. 纳拉扬：他刚才说的是："我不想妥协。"

克：如果你不想妥协，那就表明你心里已经妥协了［笑声］。我这可不是在玩文字游戏。

提问者 4：我自己都没有一个明确的理想，更别说我们俩有共同的理想了。

克：真的吗？

提问者 4：当我无法看清时，我会倾向于我能看到的，或者我想看清的方向。无论是谁，只要跟我有关的，我都会倾向于他或她的看法意见。

施：我有时候会看得很清楚，但我不想放弃自己。

克：我们来谈谈这个问题。你与其他人的观念有分歧，对吗？

施：是的，先生。

克：哦，不，别说是的。

提问者 3：你说的"分歧"是什么意思？

克：就是他做了我反对的事情。

提问者 3：我们不可能事事都达成一致意见，这很正常嘛。

克：呃，等等。这就是我们所赖以生存的生活。但是我对分歧的整体态度仍有疑问。

提问者 3：这不是对分歧的态度问题，在某些情况下你必须说"不"，一个人为什么总是要点头呢？

克：我明白了。你认定了人们一定存在意见分歧。

提问者 3：不是一定的，但总会有分歧。

G.纳拉扬：你是不是说分歧会有，但是没有矛盾。

提问者 3：矛盾是可以化解的。

克：分歧也是可以化解的，但是为什么会有分歧呢？

提问者 3：也许我们不了解对方。

克：此话怎讲？我认为"我们夫妻俩"是一个整体的概念，因为大多数人都是这么过来的。当我妻子做了一件我不赞成的事，或者我做了一件她不赞成的事，就会引起矛盾。我的问题是，为什么两个互相了解、有性关系并生育后代等一切关系的人，却仍存在着分歧呢？不要急着回答这个问题，先深入地想一想。

施：因为不在乎。我们并不关心和在乎彼此。

克：那是什么意思？详细解释给我听听。我不明白你说的"不在乎"什么意思。

施：你跟我讲一件事。如果我要理解你在说什么，就必须十分认真地听你说话，尽力理解你说的意思。

克：我的妻子不好好听我说话，我听她讲话时也漫不经心的，是因为我们在一起生活了10年20年甚至50年了，能迅速把握对方的反应，会在心里说"哦上帝啊，你又来这一套了！"这话听上去是不是很耳熟？[笑声]所以，现在我会质疑赞同和反对之间整个模棱两可的过程，这两者之间的界限很模糊。

施：即便是一致性也存在模糊之处吗？

克：即使一致性也有模糊之处。我的问题是为什么会有分歧，为什么统一一会走向分裂？分歧和分裂要么让大家走向一致和谐，要么带来争论或反对的声音，因而矛盾由此产生。但也会出现妥协的局面，你的女人会对你说"亲爱的，做你想做的事情"，她还会说"今天我愿意听你的"诸如此类的话。现在你们要告诉我：为什么人际关系中会存在这种难以把握的局面？这是不是就是矛盾的核心所在？

提问者 2：我们能通过每个人之间的亲密程度来解释这个问题吗？

克：这个我们稍后再讲。我与我的妻子很亲密。为什么我跟她很亲？这个问题我暂时不想深入探究，因为有些跑题。为什么我与我的妻子之间有隔阂？我与这个社会有隔阂，我与环境有隔阂？我与这个国家有隔阂，我与上帝之间有隔阂？为什么这种隔阂、碎片化的过程就没有停止的那一天？你们动脑筋好好想一想这个问题。

提问者 5：因为我知道如何去思考这个问题。

克：是的，我们说过了。每个人对待人生的态度都不同。我想过我自己的生活，你想过你自己的生活。或者我觉得应该按照自己的方式去过，而我妻子觉得不能那样过。所有的这些过程都是分歧不断，磕磕绊绊，暗藏着矛盾。现在，我想知道为什么会有分歧。

提问者 3：是因为人的独立性吗？

克：不，先生。

提问者 5：是因为人都是自私的吗？

克：你说的"自私"是什么意思？请记住我们所讨论的：我们希望瑞希山谷不仅仅是一所学校，而且还是一个宗教中心，一个远比学校更重要的宗教中心。在宗教中心的氛围中，学校在某种程度上就能达到一流甚至超一流的水平。

所以我们才会努力去搞明白什么是宗教之心。我们说过宗教之心不需要任何仪式，礼拜或誓词宣言等等外在的表现形式。它不归属于任何团体、教派、理想或是乌托邦。我们也说过宗教之心没有信仰，不受信仰和理想的约束。对于一个宗教团体、一种纯粹的宗教之心来说，应该消除一切矛盾冲突。矛盾存在于你我之间，存在于妻子和丈夫之间。我就要问，为什么会存在矛盾？不是因为我应该妥协，应该去容忍，应该去适应。我并不想去适应，不想去妥协。我想弄明白为什么我们之间会存在矛盾。

AK：每个人对自己和他人，都心存一种印象。正是由于这些印象，才会带来冲突。

克：为什么你会有这些印象？

AK：自己过往的经历在大脑里留下印象。

克：别泛泛而谈，深入一点。为什么你对自己有印象？为什么？妻子对丈夫有一种印象，妻子和丈夫对彼此之间都有印象。这是为什么？

施：机械地说，是为了获得某种形式的安全感。

克：说得清楚一点，不要犹豫，好好想一想。那我们换一种方式来思考：先不说妻子的事，说说为什么对自身有某种印象？你们都对自己有一种印象，不是吗？你们同意我这样说吗？为什么？

提问者1：这种印象是建立在某种感觉，某些愉悦或痛苦的感情基础上的。

克：感觉，对，但是为什么我会有这种感觉呢？

施：因为心里有一些不安的感觉，所以想要抓住一些有把握的东西。

克：你的意思是不是说对自己有一个印象能给自己某种安全感？

施：是的。

克：你不确定你所说的吗？

施：不，我很确定。

克：你确定，他和我也赞同这种说法。

施：你们也同意这一点？

克：不是同意不同意。我们看到的是同一个事实。你和我看到的是一样的东西，比如我们现在都看到这是一个麦克风，我们把它叫作麦克风。但是你也可以叫它长颈鹿，后来大家就都叫它长颈鹿了。这样下去的话，赞同或反对就没有什么意义了。我们是否——这里的"我们"指的是在座的我们——是否都认识到，自己心怀印象能够带来一种安全感？是不是在座的各位都认识到了这一点？我们是否有一致的想法？这种一致就像都看到了树上那朵红色的花一样。所以，不管赞同或反对，在心里建立一种印象能给人安全感，这是不争的事实。我们能看到同一个事实，因而就无所谓赞同或反对了。我们在这一点上清楚了吧？

提问者 1：我们能探讨得再深入一点吗，先生？

克：我为什么会对自己有印象？这种印象在我小时候就建立起来：爸爸妈妈常对我说"你一定要像谁谁一样"，"你不如你的哥哥"，"你不如某某漂亮"等等。你知道他们说的这话的含义。这不仅仅是做父母的自然表达，也是你心里对自己形象的认识，不是吗？这会给你一种认同感，一种扎根在某处的感觉，一种踏实的感觉。你们同不同意我这样说呢？有没有认识到这一点？

提问者 1：这只是某一方面。

克：从这个方面切入对我们来说已经很好了。正是自童年以来形成的这种印象成就了今天的我。如果失去了这种印象，我还拥有什么呢？

G. 纳拉扬：这是一种必要的自我定位吗？就像一个点必须有一个存在的位置一样？

克：我也许对整个印度有一种印象，那是身为一个印度人、如果是一个共产主义者，可能有他对印度的印象。但我们都在心里有某种印象。

G. 纳拉扬：我的问题是：这种对于自身的理想定位，这种安全感的寄托是人所必须的吗？

克：我们会弄清楚的。但是我们是否都觉察到我们心里有印象呢？很显然我们是有印象认识的。如果你想深入去了解为什么我们心存印象，你就会开始去寻找问题的答案。这个过程带给你一种认同感和踏实感，还有一种孤独之感。孤立让你感到安全。大家是否都明白这一点？否则我们就不能进一步深入地讨论。你明白了吗？我们能在这个观点的基础上继续吗？现在我还是回过头来问大家，我们为什么要有印象？为什么印象那样超乎寻常地重要？这种印象的本质是什么？它有什么构造？我知道一个麦克风的本质和构造是什么，它是人们认认真真地，用经验、智慧和思想组建起来的。那么，我自己构建起来的自我印象的本质是什么？它内在的构造是什么样的呢？

施：你说的"构造"是什么意思？

克：房屋有它的构造，是被人建造起来的。这里的"构造"一词是一种动作，是一种动态的表达。

施：可房屋不是动态的，是静止的呀。

克：先别管字眼上的表达，我不会抓着这个不放。那么，印象的本质是什么？它是如何建成的，也就是说，是什么样的构造？这是一个动态的过程——不断地往上加，往上加，去掉一些东西，接着往上加。我问你们：什么是印象的本质？它有什么内涵？

施：这一切已经存在了。

提问者 1：所有过去的经历，快乐或悲伤的经历的集合是我们印象的组成部分。

克：继续说下去，我并不想直接告诉你们答案。

提问者4：印象也建立在我坚持的所有理想之上。

克：没错。

提问者4：还有我们与您交流的想法。

克：是的。你的经历、你的理念等等，把这些都综合到一起，你很快就会找出问题的答案。你的信仰、你的观念、你的判断、你所受到的伤害、你的欲望等等这一切。所以，印象的本质是什么？

提问者3：是这一切的总和吗？

克：是的。稍微多想一下，我们说过"那一切"。

提问者2：有记忆，先生。

克：他在说记忆，是吗？是印象记忆的本质和构造吗？

提问者4：还有思想，思想是以记忆为基础的。

克：记忆对吗？一切都是建立在记忆的基础上吗？错。

拉德希卡：那么你就一定要表述为"某种记忆"，因为你有实实在在的回忆。

克：我们暂时说这一切都建立在记忆的基础上。

提问者1：过往的记忆。

克：过往的记忆就是回忆。追忆往事，是吗？这是一种怎样的感觉？如果说印象的本质是回忆，那这是什么？什么是回忆？

施：过去即回忆。

克：这是什么意思？

提问者4： 回忆不是实实在在的。

克： 是的，过去的事就会过去。我的弟弟死了，但是我仍然怀念着他。这意味着什么？好好想想呀，你们这都是怎么了？我的弟弟死了，但是我仍有对他的回忆。这是什么意思？这也是一种逝去，它意味着什么？意味着我的生活寄托在逝去的事情上是吗？我的印象的本质是回忆、追忆已经发生过的等一切往事。这是我生活下去的希望所在，也是她以及你们生命的寄托。

施： 所以我们没有真正的活一次。

克： 这是什么意思？加油，先生们，从这个角度来思考问题。

阿弛： 我们害怕会变得完全不同于过去的自己，变得完全不同意味着我们无论是对自己还是他人而言，都显得不确定。

克： 不好意思，先生，请你先回答我的问题。我活在过去，活在那100年、50年或10年的记忆长河里，她亦是如此。那我就要问了，回忆的本质是什么？

拉德希卡： 打空拳。

克： 打空拳！［笑声］好吧，继续，说来听听。回忆并非和你如影随形，它还只是停留在思想层面，对吗？你心目中的印象并不与你如影随形，常伴你左右的，你不可能一直观察它、看着它，直到看清它的本质为止。印象有终结的一天，它会变成一种回忆。那么回忆是什么？是说过的话、看过的风景、符号象征等一切已消亡的东西。我能唤醒它们生命力，但是它们确确实实已经逝去了。

施：回忆就像一台不停运转的机器。

克：不是。机器也有自己的生命力。

施：回忆也有生命。

克：我曾说过，我弟弟死了，虽然我很想念他，但他确确实实地不在了。我心里对他有一种追忆和怀念，这些构成了我对他全部的回忆。回忆是我得以生存下去的基础。这句话是什么意思呢？

提问者2：意思是我当下已经死了。

克：我不知道"当下"是什么意思。这是个大难题了：去弄明白什么是"当下"。

施：回忆拉扯着我，影响着我。

克：这时候你就是你印象中的样子。我觉得你没有意识到这一点：你不是被印象拉扯着，你成为了你印象中的那个人。

施：是的，先生。我要注意一下自己的表述。

克：没错。你坚持某一个榜样，一切就会豁然开朗。我的弟弟五六十年前就死了。倘若我一直活在对他的回忆里，那这算是一种什么样的回忆？它有什么特质？

阿弛：回忆有什么样的特质，要看你是强迫自己去回忆，还是顺其自然地回忆。

克：不，记忆不会自发形成。请听我说，我的弟弟死了，这是既定事实。如果我活在对他的回忆中，想着他生前的样子，我们一起走路，我们一起说话，我们穿的衣服等等事情，那这时候我的大脑是什么状态？

提问者1：大脑一直都处在一种过去的状态。

克：是的，这意味着什么呢？意味着我活在过去，不是吗？现在我要问大家了，活在过去，是什么意思？"过去"是什么？

施：思想是我生活的基础。

克："思想是我生活的基础"，什么意思？

施：就是指那些不真实的东西。

克：坚持下去。我生活在某一种不真实的、不切实际的东西之上。这种东西就是我的印象。是什么意思呢？为什么我要这样地活？

阿弛：当下脑海里涌现的回忆是真真切切的，难道不是吗？

克：是吗？某种程度上说，只有当我把已逝去的事实摆到你面前，这种回忆才变得真切起来。你们都是怎么想的？这个问题的难解之处在哪儿？谁来帮我解答这个问题？看，我会深入地去探究。我的弟弟，他57年前就死了。

施：你记得非常清楚。

克：我只是刚刚推算出来的。他是 57 年前去世的，只活了 25 年。我对他的印象从未磨灭：他的样子、他的表情、他生活的方式，我们在一起时谈论的东西（具体的我还没想起来，不必深究这个问题）。他死于肺结核。我记得他对我说过的所有的话，我对他说的话，甚至我们之间的争吵，等等。所以我是活在某些已逝去的、只能用来怀念的东西之上。这种东西就是回忆。回忆是一种体验。我们俩一起说过的话，都已成为过去。我现在可以重新拾起这些回忆，仿佛它们就在昨天。但是人死不能复生，不是吗？当我这样试图去复活逝去的事物时，我的大脑发生了怎样的变化？大脑里被已逝的东西填满了。

施：这些都是不必要的事情。

克：它们不是不必要的，而是逝去了！别用"不必要"这个词，不然人们会问你什么是必要的，什么是不必要的。大脑活在对过去的回忆中，活在已逝去的事情里。在心里一旦唤起了这种记忆，它就具有强大的感染力。如果记忆没有被唤起，而你还一直在想，那么它就只会变成一架不灵的机器。你们认同我这种说法吗？如果不认同，那你们知道事实是什么样的吗？我活在某种已消亡的事情里，所以我的大脑也死了。我想知道你们是否明白这一点？

提问者 3：您说过情感反应是真实的，那么，如果那是一种美好的过去，我愿意唤起这种回忆。

克：没错。那样意味着什么呢？我从逝去的事情里、从死去的记忆中提取快乐的源泉。回忆的总是逝去的事情，不是吗？而我的快乐正是源于这已成为过往的躯体。

斯：赋予回忆力量是一件快乐的事情吗？

克：回忆有力量，有生命力，还有忠诚感，比如"我一定要忠诚于我的弟弟。他很久以前就不在了。我们曾经感情很深"。你明白这其中的意义。

斯：但是正是回忆带来的快乐才让这感觉永不停息。

克：是回忆的快乐和回忆的不断重现。我的壁炉台上放了一幅画，我每天都会看它。你知道这是人们很常见的一种习惯。那幅画已经深深印在我脑海里了。所以我的大脑活在死去的残骸之上——我故意用"残骸"这个词的。你们觉得我的大脑怎么了？

施：大脑正在退化。

克：你们难道没有看到那些一直活在过去的老年人？

施：有，我们也是活在过去。

克：呃，我说的"老年人"意指很广嘛［笑声］。所以我们的大脑绝对不是新鲜如初。现在在你们理解了关系的含义吗？我的妻子对我有一种回忆，有一个印象，而回忆和印象都是过去的东西。那么我们的关系就是建立在这两个已逝去的事情之间，是这两样东西赋予了关系生命力。斗争、矛盾等也是同样的道理。我的下一个问题是：一个人是否能对万物不带任何印象地活着？

施： 但印象是不断变化的呀。

克： 不，先听我说。一个人是否能对万物不带任何一丝一毫的印象而活着？不是如何去……

施： 去控制它。

克： 去控制它，去学会如何避免唤起这种印象，学会如何去真正地生活。但我们先把这个问题摆在一边。

提问者1： 克里希那穆提，您说我们不是真正地活着，我们都活在过去，我们其实已经死了。

克： 某种程度上我们确实是死了。我是这样说过。

提问者1： 也就是说唯一的生活方式就是要抛弃过去。

克： 这正是我的问题：一个人是否能对万物不带任何一丝一毫的印象，简简单单地活着？这种印象会导致矛盾，继而由矛盾产生分歧。只要我对你有某种印象，你也对我有某种印象，那些固有的印象是一个分歧不断的过程。人们会有分歧，不是吗？现在我的问题是：你我能否不带任何印象地活着？

施： 如果要做到这一点，就必须完完全全地独立于任何团体，完全地思想独立。

克： 哦，不不。你已经准备要给出一个答案，但是先想一想这个问题有什么内在含义。

施： 我没有刻意要找到一个答案。

克：我没有刻意要找到一个答案。我已经暂时放下这个问题，是为了找出它的内在含义：如果我对印度有一个基本认识，并且我是某个部落的成员，那么我能不管印度在我心中的形象、无视印度国旗的样子，甚至抛弃我自己是否属于婆罗门的理念去生活吗？它们的形象都已刻在我的心上了，而我能抛弃这一切去生活吗？不过话又说回来了，这些都是非常平常的问题——不是某一个国家特有的问题。那一个人是否能生活在不需要下任何结论，也就是对万物没有任何印象的世界里？换句话说，我能做到不带任何功利心、抱着某种目的或目标去生活吗？只要我心里有一个目的或目标，你也带着某种目的，那么我们就成了傻瓜。如果你是一个共产主义者，我是一个民主人士；你是一个马克思主义者，我是一个资本主义者，那么我们之间就存在着无法避免的分歧。所以我认为，不管是作为一个阿拉伯人、犹太人还是英国人，只要我心里对事物有一个印象，那么我与他人就一定会存在分歧，故而就会产生矛盾。所以，我能不带任何印象地生活吗？诸位怎么看？首先要了解这个问题的内在含义。对某一事物的概念是传统，这种传统也许是昨天的传统，也许是千年以前的传统。归根到底，它只是一种简单的重复，从过去到今天，从今天到明天，循环往复。所以你们要扪心自问，你们是否能对世间万物不抱任何印象地生活着？天地良心，我对万物都没有任何印象，那你们就会说："你疯了吧。"

施：我不会这样说的。

克：为什么不这样说呢？你会说我活在幻想中。我说不是。我看透了印象的本质，看清了这种印象会给人毁灭性的打击。我明白印象有两面性，会带来矛盾。一个宗教者的心里是不会有矛盾的。我认为这不是一种理想。而是一种现实，所以结论就是这样：我心里没有任何印象。但是如果你要问，"我心里为什么不该有一种印象呢？"我们可以来讨论一下这个问题。但是你要看清一个事实，一个简单的事实，那就是：有分歧的地方一定会有矛盾产生。就像犹太人和阿拉伯人，穆斯林和印度教徒、基督徒之间的差异一样，你的教诲规定要做礼拜，而我不做礼拜；你要做弥撒，而我不做弥撒。所以哪里存在分歧，哪里就一定会有矛盾。而分歧的本质就体现在印象之上——意识形态的形象、历史形象以及对马克思的历史研究的结论。得出一个结论、坚持这个结论，一切工作都围绕这个结论展开。这正是共产主义者、积极主义者正在积极推行的。分歧就由此产生了。同理，民主人士和资本主义者也有他们各自的主张，不是吗？

拉贾斯：克里希那吉，你是不是说，只有完全看清了分歧的本质，才能够让分歧停止？

克：是的。

斯：那意思是不是看清了这种分歧，就能带来更多的活力和更多的力量……

克：当然，当然。

斯：如果真的是这样，克里希那吉，那我们为什么还要维持这种分歧呢？

克：我稍后会给你解答这个问题。克已经非常非常认真而且全面地阐述了分歧的本质——一种因思维能力、理想、结论和定义等方面的不同而产生的区别性就是分歧。我们每个人选取其中的某一方面，然后坚定不渝地贯彻它。比如我信仰马克思主义，而你更倾向于资本主义等等。所以说每个人都会建立一种印象，然后将这种印象坚持到底。可印象是一种逝去的东西，就像是我们关上所有的窗户，以为这样能找到某种安全感一样。不是吗？所以哪里有分歧，哪里就会产生矛盾。完毕。

拉贾斯：一个人的头脑只要有了这方面的认识，就会知道只有领会了分歧的本质，才能真正地终止分歧。

克：是的。

拉贾斯：那其他人……

克：没有领会这一点。

拉贾斯：不。其他人会说，"我发现印象会导致分歧。"他们的头脑中还有另外的印象或结论。

克：当然，当然。这是什么意思呢？意思是说，克认识到了一个事实后，便坚信不疑，认定它最真实的一面。你注意听我说：我们之间通过口头交流，你对此有了一个基本认识，并从中总结出了一种思想，坚信不疑。可是却没有认清事实。

拉贾斯：没错。现在克指出了这一事实，我表示认同。

克：不，你并没有看清事实。不管你有没有看清事实，你都不要说"我明白了"。

G. 纳拉扬：我认为他只是想说："我能告诉我自己，我看清了事实，但实际上我并没有明白。"

克：当然。我的意思已经非常明确了。

G. 纳拉扬："一个人是否能够不带任何印象地活着"是一个十分深刻的问题。一个人怎样才能让某个普通的事实更深刻和更有活力呢？因为构建印象的机器很快就会运转起来。

克：你看，一旦你发现某些事情很危险，那么这件事就结束了。你不需要每次都走到悬崖边上才说，"噢，我要离这里远一点。"你已经知道了它的危险性，不是说这时能发现危险而过一会儿就不能发现了。当你看到了危险，看到了有毒物品，看到了某些可怕的东西，那就意味着这些东西已经不复存在了，你不会再靠近它了。但是我们拒绝，或拒绝不了……我们不想听别人的意见。

斯：这是为什么，先生？

克：因为这太令人讨厌了！我已经从印象中找到了安全

感，你却过来跟我说其他的，我就听你说，但是我不想……

斯：但事实是，印象真的不会给人安全感呀。

克：这话怎么说。

斯：但归根到底它是事实。

克：英国、法国、德国、俄罗斯等，每个国家都知道自身陷入孤立是最危险的。

斯：但是他们却依然保持孤立。

克：但是他们依然保持这种孤立。为什么？答案很简单：是政客们，是那些高喊着要当"英国人、英国人、英国人"的选民们。

斯：但如果从个人的角度上……

克：其实是一样的过程。

斯：可我们能看到这种孤立带来了巨大的不安而且我们还……

G. 纳拉扬：我们还继续孤立下去。

克：这是什么意思？你真是个大笨蛋。［笑声］

拉德希卡：您向我们提出"一个人能否不带任何印象地活着"这个问题，难道就没有人能回答，而我们不能对自己提出这样的问题吗？

克：这就是我要跟你们讲的。如果你对自己提出这个问题，你会怎么回答？你有认真地思考这个问题吗？

施：有。

克：然后你内心有什么变化？

施：我就特别地希望所有人都能带着印象去生活，我对自己就无语了。[笑声]

克：是的。让他们先停止战争，然后我也会停止战争。我知道战争是美好而陈旧的东西。

阿弛：我对这个问题的反应是：当印象形成时，我会认真地观察它们，这样能接触事情的真相。

克：这需要你经年累月的观察。

阿弛：不。只是观察思想。不是从印象中寻找自由，而是接触这些印象。

克：为什么你要把这个问题弄得这么复杂？我只是问了你一个简单的问题。我带着印象生活，你过来丢给我这么一个问题。然后我就问："我自己有没有认真思考这个问题，或者只是在简单地重复？"你明白吗？你有认真地思考这个问题吗？

阿弛：如果不把这个问题抛向自己，你就不能看清事情的真相。

克：上帝啊！经过整整一个早上的对话，我们达成了这种看法，你却把这个问题又丢回给我了。这个小伙子把问题摆到了我面前，我就不禁要问了，"这到底是他的问题还是我的问题？"如果这是我的问题，那我该如何回答？

拉贾斯：当你回答那个问题……

克：我还没问呢。你自己倒先问了。

拉贾斯：我想说在今天的对话里，你向我们提出了那个问题，口头上提出了那个问题。我时时地感觉到脑海里涌现出许多答案，我把它们都否决掉了。然后我才意识到，即使只是思考一下问题这个过程，对我而言都变得无比困难。我一直都感觉我的心思没有放在这个问题上。

克：现在说了这么多之后，你再思考一下这个问题。

拉贾斯：我思考过了，先生。没有答案，我的大脑静止了。

克：你说的"没有答案"是什么意思？

拉贾斯：就是没有答案，我的大脑静止了。

克：那就是说你拒绝回答问题了？你不想回答这个问题？

拉贾斯：但是我会自己问自己这个问题。

克：你能自我反思，那倒挺好。可是从心底里，从潜意识里，你会说："看在上帝的分上，我要保持沉默。"当你说"我已经思考过这个问题了"，是经过认真地思考，而不是随便想一下。我想知道是否能过一种没有印象的生活？这个问题是什么意思？我心里不带任何印象。假设我对我的妻子有一个印象，那我与她是什么关系？如果我对她说，"对不起，我的女孩，你已经老了。我对你再也没有任何期待的印象了。"她说，"你到底在说什么？！你的意思是不是要跟我分手？"我会说，"不，亲爱的，这不是问题的重点。"［笑声］然后我们就开始争吵。看看这发生的变化。我对印度，对欧洲，对自己，对自己的妻子，都没有一丝一毫的印象。我心里对什么都不抱期望，可我仍然要与我的妻子维持关系。那我会怎么做呢？她说，"如果你对我已经不抱什么期望了，那你会不会疏远我？"如果我说，"亲爱的，我当然不会疏远你。"那你们猜她会怎么说？她要是这会脾气上来了，肯定会抄起离自己最近的一个东西，然后砸向我，大骂道，你为什么不去解决这个问题？

请你们继续深入思考一下这个问题，看看会得出什么样的结论。这是真正的自由，你们明白吗？对任何事情都不抱单一印象。

我们能否再换个角度思考这个问题？印象已经把喜欢和爱这种感情合二为一了吗？爱——这个已经被人们用滥了的词，与印象有关吗？如果我对你有一种印象的话，我能够爱你这个人吗？

AK：那我爱的只可能是对你的印象了。

克：没错，先生。印象是思维的产物，所以它是由思维构建起来的。你们明白这一点吗？

施：明白。

克：你确定你明白？

施：确定。

克：思维是一种记忆，思维是一种知识，思维还是一种体验——经验、知识和记忆。思维构建了这种印象。那么我们能不能因此说思维是喜欢，思维是爱？

施：什么是喜欢？

克：等等。我在问你呢。想想我刚说的我妻子的例子，那是爱吗？

施：是一种思维。

克：我在问你，那是爱吗？

施：我不知道什么是爱，所以我无法回答你。

克：那好吧。想念是爱吗？看在上帝的分上，回答我这个问题！

施：我认为不是，那不是爱。

克：你为什么说那不是爱？

施：如果想念是爱的话，那么爱就变成了一个非常狭义的概念。

克：但是有时候我在想，我从果阿给我的妻子寄一张明信片，上面写着"亲爱的，我很想你。"她收到明信片时会感觉很甜蜜。她会认为这就是爱，不是吗？你们都在笑什么呀？想念你的那个她，这是爱吗？

施：这不是爱。

克：不要说这不是爱。我称之为爱因为我很想她。没有她在身边我会很孤独、很痛苦、很失落。这一切我都认为是源于对她的爱。你们中有未婚的，怎么看待这种感觉？你们是否意识到当我们说爱与思维没有关系时，就等于打乱了整个人际关系。

所以回到刚才我最初的问题上：宗教之心有没有冲突？当我们这一群人一起工作时——我希望每个人都能齐心协力，全力投入——如果我们之间存在意见不合、分歧或纠纷，那就要问，为什么我们会存在矛盾？我们能否迅速化解这种不合，而不是一拖再拖？

阿弛：在我们的意识里，我们特别重视思维。

克：是的，重视。

阿弛：我们随身带着它，就像带一件便利的行李一样。

克：是的。

阿弛：现在，我们感到自己离不开这种思维了，因为我们会感觉一无所有，如果我们……

克：是的，我们之前说过的。

阿弛：现在，我想说的是（时间快不够了）：您用生动的语言，把我们带进了一个全新的环境里，而我们仍然在过着陈旧的生活方式，继续教着数学、继续做这做那。我想知道我们是否能认识到……

克：建立新的环境多么地困难。

阿弛：不是。是我们目前所处的情况。

克：我认为只要有智慧的闪光，任何情况都能迎刃而解。不管怎样，只要我对你们有感情，我认为我们之间绝不会出现分歧。这是我的工作，我的责任是知道不会有冲突或纠纷，因为我不会站在任何一边。我愿意去调查，但这并不是说我会妥协。我不会在一开始做某种假设，后来又推翻了这种假设。从心理学的层面上说，我认为自己的观点不太站得住脚，所以我愿意改变它，并且如果我和某个人之间出现了意见不合，我就会说，"好吧，我们来讨论一下这个问题。"而不是把问题一天天地搁置下去。我会说，今天下午我们见个面，来讨论一下这个问题，这样我们之间就没有隔阂了。我用这种方式履行自己的职责，发挥自己的作用。但是如果你不愿意像我一样去做，那也没什么，这是你的权利，我不可能强迫你。

那么，我们是否具有宗教之心，我们是不是一个宗教团体，一个没有信仰，不信仰上帝，不对未来抱幻想，不随波逐流的一个群体？从这里我们可以看出，信仰和信念是相伴而生的。那么接下来呢？要摆脱理想、结论、定义、概念或是坚持概念不动摇等倾向的束缚。一个人研究马克思，认同他的结论并坚定地维护他的思想，这是件很愚蠢的事情。所以，不抱任何信仰和理想，与一切矛盾绝缘——我们能不能像这样去生活呢？

所有的这一切都归结到一点：合作。我们能否团结合作，共同在这里创建一个宗教中心？不是那种令人反感的传统意义上的祈福寺庙，而是一个宗教团体。因为这一群宗教者能焕发一种全新的生命力，他们身上充满着自由的气息。如果你没有信仰，你就已经是一个无比自由的人了。没有理想、没有矛盾，你明白吗？那就是说，我们不是为某个人、为某一种信仰或是某一种理想而团结，而是为了这种合作的精神而合作。这与为了一个目标去合作是截然不同的。你们明白这一点吗？这是什么意思？

提问者4：意思是我既然想要学习，就不会受到局限。

克：是的，那样你就有了合作精神。假设你已经具备了合作精神，也就是说，眼中没有权威，你不是因为某件事或为了达成某件事而合作。没有理由、不为个人、也不为理想，就这样你才想要去和他人合作。如果你不想合作，你该如何面对我呢？因为合作是必然的。你该如何面对我？这是在这个学校的问题，不是吗？如果有一些人，你们中有一些人真心有合作的想法，而我却还没有这种念头，你该怎样说服我呢？你想让我打消所有理想和与理想有关的念头，你会怎么做来帮助我呢？你心里有合作的感觉吗？在印度是不存在合作的，对吗？他们都想与甘地合作，当然，是基于对领袖的崇拜或某种商业的、个人的利益动机。没有人会说，"我们合作吧，不为任何目的！"他们甚至根本就不懂什么是真正的合作。但是如果你明白了它的含义，如果你已具备了合作精神，而我还不具备的话，你该怎样应对我呢？你和我现在都在这里了，你会怎么做来帮助我？你对我有什么责任呢？

施：我愿意穷其一生来解释什么是合作。

克：是的，但是请先说说你会如何帮我这样不懂的人。现在情况就是我不懂什么是合作。但是你有合作精神，你会怎么做呢？你有那种精神吗？不要说"偶尔"，"偶尔"这个词一点都不好。你有合作精神吗？别长篇大论地讲，先生。我马上要走了。

拉贾斯：我回答不出来。

克：为什么回答不出来？你明白了这是什么意思了吗？这很简单呀。

拉贾斯：先生，别说它很简单。

克：相当简单。

拉贾斯：那为什么我们会如此迟疑呢？

克：我不知道，我正要问你们呢。

拉贾斯：或者是我们把问题想得太复杂了？

克：你们的确正把问题复杂化。

拉贾斯：是的。在这样一个答案面前，我们没法说，"是的，我们想的就是这个意思。"

克：没错。

拉贾斯：是什么让我们无法回答这个问题呢？

克：我会向你们解释的。先把这个问题放一放。你有合作精神吗？你能做到不图任何目的、不为任何人、也不求任何理想地与他人合作吗？让我们一起来建一座祈福寺。我们都想建一座新的寺庙，都想有这样一座寺庙，不是吗？你们不想吗？

拉贾斯：是的，我们想。

克：能想就对了。如果我们真的想盖一栋新房子，我们就要请一位建筑师。我们都一致同意要安上很多窗户和很多门。我们对房间的大小，屋顶的样式和应该做哪一类的隔热层，都有一致的看法。这就是说，只有我们有想盖房子的强烈欲望，有一种一定要创造出新事物的念头，我们才能一起努力盖出这么一栋房子。这种欲望算不上是理想。你们一定也有这样的欲望，任何有思想的人心里都应该有这样的欲望。要不然你们就已心如死灰？

拉贾斯：不，我们不是心如死灰。

克：那你们的心里仍存有欲望。保持简单就好，而以后会变得非常复杂。当你发现问题变得复杂了，你就困惑了。

拉贾斯：不是这样的。我们一开始说得很简单，而谈着谈着你就会突然把问题复杂化。

克：我是这样的，是这样的，但都是从简单开始的。

拉贾斯：是的。

克：先生，你有没有注意到一棵树是怎样长大的？在最一开始是很简单的：一株树苗伸展出小小的枝桠，一点一点，不断生长，直到最后长成一棵参天大树。你一开始就抱着它能长成参天大树的心态，而我的心态是始于微小。

现在我想问一下，你怎样才能有合作的感觉？大家都知道，动机是一种隐私，或者说私人的事情被看作是一种比较大的动机。所以这都会让我们的合作受到限制。但是我们会抛开个人动机，大家齐心协力，获得一种合作的感觉。所以不需要任何信仰、任何理想也不存在任何矛盾，人们彼此之间建立的是一种深厚的合作意识。先生，你应该能理解这一点，不是吗？这种合作感里包含着喜欢、关心和爱护。你们是怎么想的？怎么都很沉默啊。瑞希山谷学校会成为一个宗教中心吗？

阿弛：今天上午我们透过您的视角去认识合作这个问题。我感觉我们有必要形成对这个问题的个人看法。

克：那当然。

阿弛：因为如果我们不自己去看、去想、去亲身地体验这一认知的旅程的话，我们就……

克：是的，先生。

阿弛：如果我们都认真地思考，形成自己对这个问题的看法，合作才能真正地成为现实。

克：如果你们不亲自去思考，如果我明天就死了，你们就不会真正理解合作的含义。

阿弛：不。我认为我们已经了解了其中的一部分含义，但是我们必须看到今天通过您的视角，我们已经认识到了什么是合作。现在我们有必要亲自去看、去想、去形成自己的认识。

克：是的，先生。这就是我为什么要说，"把问题放到你自己心里，直面这个问题。"我知道，瑜伽老师教给了我全部的内容，但是我需要自己去学习和体悟，不是吗？我对生命的理解不能依靠老师。

瑞希山谷学校

1982 年 12 月 17 日

在马德拉斯学校的讨论

5. 我们是普通人还是专业人士?

我们是先作为老师还是先作为普通人去处世? /作为人的我们是否成熟? /人比任何一个专业重要。不论老师还是学生,都是本能、情感和矛盾的集合体。/我们一直都想要培养出优秀的人。/为什么这成了一个问题? 我将它看作一个专业性的问题——人们习惯性地从专业的角度去看待人生。/其实从心底,我并无意将万事都看成问题。

克: 我想,从拉加哈特、瑞希山谷、班加罗尔和马德拉斯这些地方的学校开始,大家应该聚在一起,讨论讨论。首先,各位认为什么是我们的责任? 不只是对学校,对学生的责任,也有对环境的责任。这些地方的学校是我们这个世界的一部分,那么我们对这个所谓的印度,这个正在快速瓦解的国家有什么样的责任? 除此之外,我们对像布洛克伍德和奥哈伊这样的学校有什么责任? 当你们把这些学校都放在一起来看时,你们是怎么想的? 你们如何看待这一切? 这是问题之一。

我想问的另一个问题是：我们是老师，也是普通人，哪一个身份更重要？你们强调哪一身份，老师还是普通人？或者用经理或其他行业人士来类比一下。你们觉得做专业人士比做普通人更重要吗？那些来自瑞希山谷、拉加哈特，以及班加罗尔等地的学校的老师汇聚一堂，慷慨陈词，"我们是真正热爱这一行业的"（我在这里不用"投入"或"奉献"这种词），对于这样一群人，你要怎么做来迎接他们？他们非常关心教学，这样的关心里包含怎样的意义？他们是怎样用行动表示这种关心的？作为普通人的我们正在发展成熟——这里我不大喜欢用"进化"这个词。作为成熟的人，我们是不是真正关心教育，并且能坐下来潜心研究教育的一群人？我们没有太多时间可耗，不能等到说"我会慢慢成熟起来"，然后该有的就都有了？是这样吗？我们成熟起来了吗？我们应该更看重作为普通人还是作为老师的身份？其他的呢？

卡：我们的责任是对克创办的所有学校的责任。

克：是的。现在我要说的不是责任，而是我们是否成熟？我想从这个话题开始我们的讨论。你明白我说的"成熟"的含义吗？

阿弛：我想，回到你最初开始的那个问题会不会更好一些：我们作为普通人还是作为专业人士去思考问题？因为这是成熟开始的标志。

克：从哪里开始都可以。如果你想从这个问题开始，那我们就探讨一下。我们本是普通人，然后做了老师。先作为普通人，然后成为科学家、数学家等身份，是这样的吗？先做好一个普通人对你们来说有怎样的意义？先别急着解释或下定义，知道吗？下定义会让人们产生不同意见，为一些字眼起争执。但如果我们抛开定义不谈，先说说"人"这个词在字典里的含义，作为一个人，"人"这个字对你有怎样的含义？我们不是动物，也许从深层次上讲我们具有动物本能，但我们并不像它们那样生活在森林等野外的地方。所以生为一个人究竟有什么意义？这难道不是一个很经典的问题吗？

施：当我们还是孩子时，我们的思想和心灵是一体的。而我们长大后，思想和心灵却分离了。

克：你说的分离是什么意思？继续，我愿闻其详。成为真正的人对我们来说意味着什么？

拉贾斯：也许这意味着生命不息，追求不止，结果无尽头。

克：这就是你说的人存在的意义？

基：对我而言，一个人的存在指的是这个人的身体与他的思想、欲望、志向和心理结构的结合体。

施：我们成为专业人士后，却并不重视人性。所以我们总是凭自己了解的背景知识去审视看待他人。

克：在你们回答我的问题之前，我想知道你们如何调查，或者说如何去接受、接近这一问题？想问问大家：什么是普通人？刚才我们都认为，做普通人远比做像工程师、科学家、老师还有管理者这样的专业人士重要得多。人们赖以谋生的方式等等问题都不足与做人相提并论。现在，你们该从什么角度理解，如何回答，怎样去面对"什么是普通人"这个问题呢？（停顿一下）如果你们把这个问题摆到我面前，我确实不知道该如何回答。我真的不知道如何定义"人"这一概念，这种能感知痛苦和悲伤，会思考行动的生物（我真的不知道如何给人这种有思想感情、喜怒哀乐和行为能力的生物下一个定义）。人——究竟什么是人？万物之主？众生灵之上还是无所特殊？所以，我认为这是一个非常重要的问题，因为如果你们能够明白什么才是一个真正意义上的人，你们才有可能帮助学生成为一个完善的人。所以请大家回答我的问题。

施：先生，我们可不可以这样说：人是本能、情感和智慧的综合体，这些东西在某种程度上……

克：人是本能和感官反应的综合体。包括认知、选择和行动的智力，也包括一些才能、天赋，还有性格、倾向以及习性。

拉德希卡：而且从某种程度上说，这些特点并不能很好地协调统一在一个人身上。

克：是的，不协调。我们就是这样的人吗？显而易见。这就是人的全部？口是心非、言行不一、说话自相矛盾、做事自私虚伪，种种这些问题你们都清楚，这就是人性。我们就是这样的，对吗？我们是否意识到自己有人特有的劣根性？我们能否意识到人的种种矛盾交杂在一起，价值观互相碰撞，伦理道德差异，人的艺术天分或专业技能等问题。意识到这些问题的不同层面，及其中的内涵。如果我们是这样的人，我们该怎么做？学生，其他人，社会都是如此。整个人的结构正摇摇欲坠、弊病百出，最终将分崩离析，轰然倒下。这难道就是我们最终的宿命？怀着飘忽不定的愿望，在彷徨中寻找安全感，却找不到前方的路，这就是我们的样子，不是吗？很显然，我们就是这样的人。那么我们彼此之间是什么关系？

施：关系来自于人身上的共性。

克：不，先生。想想，"关系"这个词是什么意思？先说你们老师之间是什么关系，继而想一想你们与学生，与这个社会，与社会上的其他人又是什么关系？与我是什么关系？从人性角度看，这一群人是什么人？我要做什么，我该如何行动或思考？从人性的角度来看学生，我要做什么？他与我是什么关系。你们在座的大多数都是老师对吗？我们之间是什么关系？

拉贾斯：我感觉我们应该从个人现实来探讨我们作为人

存在的意义这个问题。

克：现在就是我现实的一面。

拉贾斯：但我的实际情况是我不想面对现实。

克：不，我能面对现实，即便我不愿直面现实，我还是这样的自己。

拉贾斯：因为一旦我给自己定性，认为自己在社会中扮演什么角色，发挥什么作用，我与学生的关系就只能定义为师生关系。

克：是的。所以最开始我说过，明确一个观点，下定一个结论，从形式上看都是一种自相矛盾的状态。如果观点、结论和判断处于一种矛盾状态，而我受到这种矛盾的影响和支配，那么在与学生相处、与其他人交往时，我就会表现得完全不同。但是如果我意识到我是这一种集合体，而我的学生是另外一种集合体，那么我该如何应对这种情况呢？我应该如何回应别人呢？

提问者 2：支离破碎，矛盾百出。

克：是的。那么结果会怎样呢？我与你的关系是建立在这样一种破碎的基础上的，你与我的关系亦是如此。那么从这一点里，会发生什么呢？来求学的孩子是破碎不完整的，他就是由所有的这些碎片拼起来的。我也是由碎片——一堆被称为法西斯的碎片拼凑起来的。可以说我是这一种"集合体"，而他是另一种"集合体"。

基：所以说人与人之间没有真正意义上的关系，有的只是矛盾冲突。

克：没错。那我该怎么做呢？当我与他持不同的立场或倾向时，我与他是什么关系？我背负着怎样的责任？我该具有怎样的行动力？这是一个非常有趣的问题。我希望在座的所有人能正确面对这个问题，好好审视这个问题，但别急于回答，欲速则不达嘛。不要急于说出答案，首先好好审视这个问题，用心去感受它。我们之前比较巧妙地描述了这个问题：我们都是形形色色的"集合体"。但是这不足以表达出隐藏在背后的那种感觉，更深入地讲，我是许多要素和许多矛盾组合在一起的"集合体"。我就是这样的一种代表。请认真聆听，要有所反应，要用心去感受。你们也是某种"集合体"，你在观察、在思考它它象征的权威。所以，大家要去感受、去观察、去聆听，我诚恳地建议大家不要马上跳到答案的部分。

基：我们的关系里应该有互动的反应。我们的关系应该是一种来自对"集合体"的反应。

克：我刚说了，当你把一个问题摆到我面前，我静静等待，观察、审视这个问题，却不急于回答。你们都准备好要回答这个问题，而我却一直都在观察这个问题。我由表及里去观察这个问题。你们也观察问题，只是为了快点得出一个答案。或者说根本就没有一个答案。在座的各位都是老师，你们是一群来自于克创办的学校的老师。从人之本性出发，你们都关心孩子的教育——能否培养出不同类型的人，不是那种中等资质的、聪明的或是愚笨的孩子——显然我们并非是在培养聪明的孩子，"聪明"并不等同于"智慧"。作为普通人，你们最关心的是培养出不同的头脑，品质不同的头脑，这是一种有深度的头脑，一种有心的头脑。我知道自己其实是各种矛盾的集合体。那现在我该怎么办呢？我想去创造和培养出真正优秀、悟性很高且聪明机智的人（这里的"聪明"不是那种一般意义上的聪明——那种通过了考试就趾高气扬的傻样）。这就是我想做的事情，我感觉我们完全有必要去培养这样的人。倒不是说这是一种思想或理想——我本人很排斥这种说法。就我个人而言，我感觉这是人生中最需要做的事情。我知道我是这种集合体，而他是另一种集合体。那我该如何培养出优秀杰出的人呢？①

E.W. 阿德希卡拉姆： 这里是不是还缺一个要素——情感的重要性？

克： 情感也有它的矛盾（性）：我今天喜欢你，但是你若做了我不喜欢的事情，我明天就不喜欢你了。我爱你，但

---

① 在本章和下一章的讨论中，克都用到了"集合体"和"好的那一类"这两种表述。"集合集"指的是教师和学生都是由多种心理因素组成的某种集合体。而"好的那一类"则说明这个世界需要培养优秀杰出的人。

是我却嫉妒你，因为你比我更聪明，比我更机智，比我更活泼，比我更漂亮。这就是情感的矛盾所在，你明白了吗？也就是说，我们生活在矛盾中，情感也是矛盾的一部分。这很明显。

拉贾斯： 那是一种不同寻常的情感。

克： 哦不，那是一种思想。

拉贾斯： 不。当你意识到你是一个矛盾的集合体，而那个孩子是另一个矛盾的集合体时，就会出现不同寻常的情感。你害怕这种情感的产生。

克： 先生，我想让你好好观察这个问题。

拉德希卡： 即便我能聪明地意识到每个人都是一个集合体，我还是感觉自己不但一定要和来自外界的权威代表，还要与内心的声音角力、周旋，让它们听从我发号施令。

克： 她说一个人能意识到的这一过程并不是明智的过程。我也意识到，我所感知到的、我了解到的、我意识到的，以及我看到的是实实在在的事实，而不是理论，不是理念。你是一种集合体，她是另一种集合体，我说过我一直感觉我们必须培养出一群优秀的人才，因为我们每个人都与这个学校息息相关。如果我就与我妻子两个人相处，我就会好好地、深入地探讨这个问题，我们要么接受对方观点，要么意见不合。但是我们都关心这一群孩子，不然你我不会相聚于此，一起讨论问题。我们不但关心孩子们的成长，也意识到无论是孩子还是我们都是不同的集合体。那现在我该做些什么呢？可以从三个方面去考虑：我是一种集合体，他是另一种集合体，只要学校一天还在，我就要不遗余力地培养优秀的人才。这是我的人生，这也是我们作为老师聚集一堂的原因。我该做些什么呢？〔长久的停顿〕继续，先生们，我自己不会回答这个问题。这是你们要思考的。你们要如何面对这个问题呢？

提问者 2：经历了全面透彻的认识后，我还是一块碎片……

克：这很耗费时间吗？

提问者 2：嗯，短时间里确实无法弄明白这个问题。

克：当你说"我必须认识我自己"时，你的意思是不是说，认识自己是一件费时的事？与此同时，我已经担负起了对孩子们的责任，不仅仅是对那些孩子，我对全人类都有责任。

提问者 3：我们似乎有这么一个问题：如果某一事物有诸多层面，那我们就无法认清它真正的复杂所在。我们只能看到其中的一种矛盾，绝对无法看到整体的宏观上的问题。

克：你是不是认为我们没有完全地了解个人意志的全部内涵？

提问者 3：是的，我是这么认为的。

克：为什么？

提问者3：我们自己可以理解，但是您说的那种方式我们就难以理解一些。

克：是的，只要用心去感知就够了。我能感知到那些棕榈树、那些椰子树的存在，因为这些东西都是实实在在地长在那里。换句话说，这是肉眼能看到的事物，你能感知到它的存在。

提问者3：我看不明白。用您说的这种方式我无法看明白复杂的事物。

克：为什么？

拉德希卡：因为我一直都在努力把这种"集合体"塑造为成功的不同类型。

克：这是个问题，不是吗？我希望我的儿子或女儿成为非常优秀的人。同时我也知道我是碎片，他也是碎片。而事情就是这样，人生就是如此。即使是孩子，他的人生也是从不完整开始。现在这里有一个我必须解决的问题。我不能道破，不能说"好吧，我们来想想这个问题"。这是一个问题，是一种危机。我已经做好准备去面对这种危机和它所带来的后果。

施：不管是我自己还是我的学生，都一定要看清……

克：我没说"一定要……"

施：要全心地去观察……

克：不，先生。你我都是不完整的碎片。你我都身兼重任，因为这些孩子都要我们去教育，去培养，我们希望那些孩子成为优秀的人。这就是问题所在。现在，你该如何解决这个问题呢？先别忙着回答，别急于回答我，好好地审视这个问题。你们知道怎么去解决一个像工程或生物之类的专业问题，你们会花时间去研究、去探索、去跟教授讨论这些问题。现在，摆在你们面前的是一个前无古人的问题，是过去有人可能会遇到，但没人解决的一种问题。我们并不是这个问题的始作俑者——但也说不定就是。你如何看待这个问题，怎样接受这个问题，怎么回应这个问题？你该如何去称量、去观察、去感知、去闻、去品尝它？你该怎么做呢？

假设你和我在一起后很难相处——现在这一刻关系可能还不错，而到了明年就不一定了。但是至少在当下，我们之间还是非常友好，这是毋庸置疑的。可是当我们住到同一栋房子里后，我们就会开始为鸡毛蒜皮的事吵吵嚷嚷，满腹牢骚，双方各执一词，渐渐地我们之间就有了矛盾。这就是问题。这个问题是怎么产生的？请认真听我说。你是怎样制造出这个问题的，你做了什么导致这种问题出现？你该如何去解决、去应对、去感知、去体验这个问题？这个问题对你意味着什么？这是人的问题，而不是什么科学或计算机方面的问题。继续，与我交谈。

施：我认为你绝对不能从集合体层面去处理这个问题。

克：没错，这个不能，不能。集合体是唯一属于你自己的东西。不要轻易抛弃它，也不要又整出一种集合体，又建一套理论出来。不要想着去构建一个答案。

施：我认为我们只是提出了问题，然后就把它放一边不管了。

克：你不能对它不管不顾。

施：我在用心感受这个问题。

克：操之过急你就找不到问题的答案，慢慢想吧。我的问题在这里：我是一种集合体，他也是一种集合体，我希望我和他都能成为优秀的、一流的人才，而问题就来了。我为什么会把它变成一个问题？先想一想，别急着回答。为什么它会变成一个问题？是因为我的大脑、我的思维被训练得就是要去解决问题吗？我必须建起一座沟通的桥梁，这是一个问题，我会深入去研究，研究这座桥的结构等方面，然后我就能解决这个问题。我的问题是：教育是否培养出了我们解决问题的思维？答案是肯定的。我们在座的每一位，都应好好地观察/看待这个问题。但在此之间，我想先提出一个问题：我们为什么要制造这么一个问题？为什么它会成为一个问题？正是因为我们把它当作一个问题，我们的思维才会积极地去想如何解决这个问题。我们的大脑被教导着去解决问题，明白吗？所以我要让你们去发现问题，研究问题，慢慢思考，找出答案。究竟出现了什么问题呢？最开始我说过我是一种集合体，学生是另一种集合体。我们感觉完全有必要创造出一群了不起的人，这就成了我们心头的一个难题。我是我，他是他，人各有志，那我们该如何培养出一群完善的、全面的优秀人才呢？我会感叹，天哪！这是一个很大的问题啊，我必须解决！我这才发现我们已经形成了一种思维定式：人生就是要去解决问题。所以在这个问题上我也是抱着同样的心态，不是吗？我的大脑被教导着去解决问题。我已经意识到了这一点。但是我们为什么把它变成一个待解决的问题呢？为什么？我们不需要问，这是一个问题吗？如果你问，"这是一个问题吗？"你就已经跳到了另一个层面上去了。不是吗？

拉德希卡：是不是思维定式让我倾向于用解决其他问题的方式去解决这个特殊的问题呢？

克：是的。所以我才会摆脱自己的这种思维定式，那你呢？你还在尝试去解决这个问题吗？你明白了这个问题吗？继续探索。目前存在一个政治问题：印度南部地区要与中央分裂，脱离其统治，这成了困扰北部和南部政要们的一个重大问题。请认真地想一想，他们为什么要制造这种问题？我想问你们：我们这种被教导去解决问题的思维，在真正处理问题时却用习惯的思维定式，心里有个声音在说，"我一定要解决这个问题"，要像这样的话，你就和之前没什么区别。但是你心里是否有这样的疑问："为什么它现在成了一个问题？""谁让它变成了一个问题？"

R. 尚克尔：当我试图去观察个人意志，也就是"真我"时，我发现自己无法真正体会到什么是真我。如果我能体会到真我，那么我就能从中找到与孩子相处的答案。难道您不认为，就算我坐在这里与您交谈，可是我仍无法认清这个问题，根本原因是过去我们没有观察到个人意志究竟起了多大作用吗？

克：不，那不是我要问的。

R. 尚克尔：我明白您说的问题，但是我跟您描述的是我的反应。

克：我知道，但是你还没有回答我的问题。我想问的是，"为什么这会变成一个问题？"你是否从一开始就把它当作一个问题，那么你自然就想通过我们的讨论去找到这个问题的答案。换句话说，你的大脑发出这样的疑问，"为什么我会创造出这么一个问题？"我是不是还局限在旧的思维模式里。从工程师或科学家的思维角度出发去想如何解决问题，从一种所谓的专业角度而不是普通人的角度去思考问题，是这样的吗？我们说过，一个人先是作为一个普通人而存在，其次才是科学家这一重身份，但我们的心态还是一样的。我内心一直有个声音，"我不是什么专业人士，我首先是一个普通人"。但是当我面对这个问题时，却从一种专业的角度而不是普通人的本心出发的。通俗点讲，假如我是一个工程师，我知道出了问题，而且我已经解决了其中的一部分。抱着这种一贯的心态，我就对自己说，我一定要解决这个问题，结果就是我仍然没放下专业的架子，没有从普通人的角度出发去思考问题。你们怎么看呢？

施：说得对。

克：我说的还算对，是吗？

施：是的，我从自己的本心出发去看清……

克：没错，就是那样。只有把某一事物看作待解决的问题，你才能真正认清它。假如你是一个专家，你说，"一定要解决那个问题啊。"那样你就还是拘泥于你旧的思维，就是说你只是在看而没有认清这个问题……

施：那样你的思想就不自由了。

克：不，这不是一个自由不自由的问题。你我都一致认为我们先是普通人，其次才是科学家或数学家。

施：但也许我并不是作为一个普通人存在的，因为我有自己的个人意志。

克：先听我说，我们俩都认为我们先是普通人，不管是哪一类普通人，人是我们的首要角色，其次才是科学家、教师、专家等等之类的。你刚才是认同这个观点的。

施：是的。

克：没错吧？你首先是个普普通通的人。

施：是的。

克：这里我想说的是：普通人有自己的主见，学生也有学生自己的意志。我们心里都在默念，"上帝啊，我们想培养出真正优秀的人，可他有他的主见，我有我的思想，我们每个人都有自己的个人意志，所以我就把这当成了一个问题。"

施： 因为这是不得已的选择。

克： 不，不是选择，我就是把它看作一个问题。我的大脑、我的思维被训练去解决问题。我就像专家一样，具备解决问题的专业大脑和思维。他被训练着去解决问题，所以他也抱着同样的解决问题的心态：我是破碎的，是不完整的，有我个人的主见，那个人也有自己的主见。而我们共同的愿望是要培养出优秀的人，这是问题所在。你的大脑和思维都被训练去解决这个问题，所以你会把这看作一个问题，明白了吗？

施： 实际上这不算个问题。

克： 你把它当作一个问题，你满脑子就会想如何去解决这个问题。所以有些人就会过来问你，"你为什么要纠结这个问题呢？"听听，你为什么要纠结这个问题？如果你把它当作一个问题，你接下来就想着要去解决。明白了吧？

施： 明白了。

克： 那你为什么要把它当作一个问题呢？

拉贾斯： 你意思是说这不是一个问题吗？

克： 不，我不是这个意思。你没有好好地思考。我的妻子跟我吵架，我会说，"看在上帝的分上，别吵了。"如果我还想接着吵下去，那就变成另外一个问题了。当我在心里默念，"我们怎至于吵到这分儿上"的时候，我们之间就已经出现问题了，我必须找到答案。我妥协一步，她也退让一分，但是我的大脑和思维还习惯性地去找出解决问题的方法。所以我会问，"为什么我把这些事物——我的意志，他的意志，一切好的东西，变成了一种问题？"如果我不是把它当作一个问题，也许我就会换一种角度去思考。

施：是的。

克：你确定明白了吗？

施：非常确定。就像你观察一棵树，你能看得一清二楚。

克：不。这不是像看一棵树那么简单。我的问题是，"我为什么要纠结这个问题？""导致这个问题出现的原因是什么？"我为什么要把它当作一个问题？

施：因为我们想要解决它！

克：不对！

提问者 1：因为记忆……

克：什么意思？

提问者 1：在某种情况下……

克：意思是说你仍然能够以一种专业冷静的头脑去看待那些不好的事情。希望你能把这种专业性刻进骨子里，坚持不断地这样去思考。

阿弛：当大脑一乱，问题就来了。

克：别去深究大脑是不是被打乱的问题。你刚说什么，大脑被打乱，然后就出现了问题。那你该如何去解决问题呢？

阿弛：那样你就没能力解决问题了，它只能自行解决。

拉德希卡：我们能不能换一种角度去思考？用一种非专业性的思维去看待这种情况？

克：那就是我一贯强调的。

基：我们无法做到"非专业"，因为我们的思维已经定型，习惯性地从专业角度去看待一切事物。这样才能让我们觉得思维焕发着生机和活力。

克：你们的思维被训练从专业的角度去看待人生，换句话说，你首先是作为一个科学家，而不是一个普通人而存在的。

施：我们的思维只不过强调一种智慧性。

克：如果照你这样说的话，那你就算是给这个问题定性，下了一个结论了。但这个问题很快又制造出了一个新的问题，你又回到原点了。我想把这个问题搞得清清楚楚，免得总是在原地转圈。

R. 尚克尔：这里的一些人几年来一直都在聆听你的教诲。你难道不觉得，刚才所提的"为什么要用专业的思维去看待事物"这一问题并不是所有人真正会遇到的吗？

克：我不知道。你可以问问他们，先生，问一问呀。

提问者 3：如果一个人并没有受过专业的训练，那么我们能否判断说，他可以从其他的视角去看待问题？

克：也许我没有受过专业的训练，但是遇到了一个问题，我总是要解决的嘛。我不是什么专家，但我结婚了，夫妻之间难免会吵架，磕磕绊绊的，这就出现问题了。我就继续问自己，"上帝啊，我该怎么办？"

提问者 3：我们总是用自己的知识去解决问题。

克：按照这个思路的话，也就是说，知识告诉你必须要解决这个问题。知识也算是一门专业（笑声）。好，言归正传，你们会怎么办？现在我问大家，"这算个问题吗？"我们希望能有正直、优秀、有情怀的人出现，希望身边有智者。我们都是不完整的碎片，不是吗？首先，我没有把它变成一个问题。我之所以不把它看作一个问题，是因为我潜意识里不想去解决问题，但是我想弄明白自己为什么要制造出这个问题。明白了这两者的区别吗？你们是想去解决问题，而我不是。我会问，"我为什么要纠结这个问题？"但我不会把它看作一个问题。所以我满脑子想的不是如何去解决这个问题。大家明白了吗？这应该比较好理解吧。如果我不把它当作一个问题，那么会有什么情况？

提问者 2：那么它就不会发展成一个问题。

克：我还没把它当作一个问题呢，所以不存在发展不发展的问题。

提问者 2：就是说问题还没出现。

克：不，问题就在那里。

基：但是你已经不再费心去想那个问题了。

克：这个问题已经不再困扰你了吗？

基：你在思考，也在观察和审视那个问题。

A 库马拉斯瓦麦：我们可不可以先不要用"问题"这个词？

克：我个人是很排斥一堆问题的。但现在出现了这么一种情况：我首先发现了这个问题，但我没有把它当作一个问题。

阿弛：你没有把它当作一个问题，是因为你心里非常清楚那是怎么一回事。

克：不，我只是很排斥把自己的人生变成一堆问题。

提问者 4：你是不是想尽力抹去矛盾的过程？

克：当我遇到一个问题时，矛盾就产生了。

拉德希卡：提问者 4 她刚才问的是，"你是不是想尽力抹去矛盾的过程？"

克：不，我没有任何问题。

拉德希卡：所以说没有问题，也就没有什么可抹去的。

提问者 4：那么与此同时，问题似乎就变成了：为什么人不能从内心深处提出这么一个基本的问题呢？

克：不，不是这样。你看，你坚持认为某件事是一个问题，那它就是个问题。

提问者4：我并不是坚持认为它是一个问题。我之所以说它是一个问题，是因为我要理性地去面对它。

克：不，不。

提问者4：同时我也无法从深入地，从心灵深处出发去应对这种情况。您能明白我说的吗？

克：你说得很清楚。你只是在重复着同样的一个论调。

提问者4：我没有，我认为我没有。

克：继续说。

提问者4：您说问题并不存在。

克：我没有，我没有说过问题不存在呀。

提问者4：您说过问题在某种程度是我们自己制造的。

克：不是。

提问者4：您是不是最想说的是，因为有矛盾，所以才有问题？

克：是的，我完全同意你的说法，完全同意。他说，"当你脑子一团乱的时候"，我正好说到了"作为一个人，一个来自瑞希山谷或默德讷伯莱的普通人，我很排斥问题这种东西"。

R.尚克尔：这不算是一种"无视事实"的表现。

克：不算。你知道发生了什么吗？看看，先生，我们身边有美德的代表，有优秀的人。每个人都有自己的个人意志——我意识里觉得个人意志也是一种问题。也许我这样说像个傻子一样，但我现在认为这不是一个问题，我不会纠结这个东西，因为我的思维没有被训练着去解决问题，而是顺其自然地去看待问题。所以我的思维是自由的，那么对我而言，问题也就不是问题了。明白了吗？慢慢地想一想：这件事一直都存在，但现在它对我而言不是问题。重点就是：它对我而言不是问题。我很讨厌脑子里一直有个声音在说，"一定要解决问题"，我们要把这种模式化的思维完全抛在一边。我认为，在遇到一些活生生的事实的时候，情况就需要灵活对待，抱着一贯"无论如何要解决这个问题"的思维是很愚蠢的。我不把它当作一个问题，最后事情也能得到解决。就这么说吧，我不把这件事看作一个问题，那又能怎么样呢？

拉德希卡：个人意志是实实在在的东西。

克：是的。你认为个人意志是实实在在的，其他的比如美德，也是实实在在的，是这个意思吗？我想问一问阁下，不是质疑你：你是否认为——这也正是我刚问的——如果一个人的大脑不在乎任何问题，这样的大脑是否就与一贯要去解决问题的大脑截然不同？我想先强调一点，大脑是没问题的。那么该如何看待这件事呢？不把这当作一个问题来看，好吗？该如何去看待它呢？

提问者 4：这是一种状态。在这样一种状态里，不同个人意志的碰撞和摩擦已不复存在。

克：对，已不复存在。但是如果你内心还有挣扎、有冲突，那该怎么办呢？

帕：那我们就必须了解各自的喜好和禁忌。

克：不，不是这样的。这不是什么喜好和禁忌的问题。现在有三件重要的事情：我必须有所行动，不能只是说说，"对呀，我这儿没任何问题"；归根结底，我必须要有一些实际行动，但这种行动不是建立在我抱着解决问题的心态上的。这是我首先想到的事情。

帕：您一定要把这个问题研究得再深入一些吗。

克：不，我首先想到的是，那不是一个问题，我无意于把它变成一个问题。可事情一直摆在那里，不是吗？那我该怎么做呢？

阿弛：没有人问"我该怎么做？"如果你已经下了定论的话……

克：我从来不会那样说。当我说"应该"这个词时，我的意思是"接下来该采取什么行动"。并不是说我已经下了定论。我还没有下定论。

提问者 3：当我们以那样一种方式去提出问题，我们会发现自己只是在空谈一种假设的情况。你提出这个问题，你就发现，其实我们远未触及现实生活中的真相。

克：我一贯反对太过高深的东西，换句话讲：永远别说"我不知道"这四个字。

提问者3：是的。

克：等等。你真明白了，先生？我还不知道，问题还在那儿呢。我真的还不知道。（我只是就我自己而言。）别看我现在没有问题，可一旦问题摆在我面前：一旦让我去面对两种意志截然对立，但都秉性善良的人，我就不知道该怎么办了。我真的不知道该怎么办。你是否处在这样一种连你自己都捉摸不透的两难境地？

提问者4：我们不是在制造问题，对吗？

克：是的，我是没问题。可我不知道那究竟是不是个问题。我不知道从这里到班加罗尔有多远的距离。我不知道这林林总总的问题。

提问者4：那就一切从头开始吧。

克：原来你是按照这个思路往下走的。你在心里有一个定义，对吗？所以你要好好地投入研究这个问题了。可我真的不知道该怎么做。当我说不知道时，我的意思是，我不期待有一个答案。我既不苦苦寻找答案，也不会刻意回避答案。问题还悬而未决，我不知道如何是好呢。

提问者4：对我来说，如果我对问题束手无策，问题就是一种可怕的状态，它让我坐立不安，无所适从。

克：为什么？你不知道就不知道嘛，为什么会坐立不安呢?

提问者 4：一种思维惯性。

克：对不起，我不知道这里距德里有多远。我不知道自己为什么会变得焦躁不安、神经敏感。我真不知道。

瑞：我们怎样把这种观念传达给我们的孩子？

克：我没跟他们讲这些，我现在还不想向孩子们传播任何观念。这真的不是我擅长的，你也是像我一样吗？

施：是的。

克：不，别欺骗你自己。我是真正的迷茫。这并不是一个问题，在我的人生中，我从心底里排斥"问题"二字。如果出现了问题，我会想办法解决，但是我从根本上还是很排斥问题的。所以，刚才所说的对我来说不是问题，我对此感到迷茫。这不是自相矛盾，你们能理解吗？

施：能理解。

克：这并非自相矛盾——我不知道。好吧，换个角度想想。

A 库马拉斯瓦麦：也许我只是想去发现一片新的领域，从这个角度来讲，我把它称之为问题又如何呢？这只是一片我未知的领域，所以我把它看作一个问题。

克：不，先生。你为什么要把它概括成一种"未知领域"什么的？我跟他吵架了，我们之间有问题。这是一个实实在在的问题，我不禁问感叹"上帝啊，我怎样才能从这场争吵中解脱出来呢？"如果我喜欢跟他吵架，他也好跟我斗嘴，那这就是另外一码事了，但是我确实不想跟他吵架。而我时常会与他吵架，这时我会说，"上帝啊，问题来了，我快神经了"，就这么一直叨叨不休。

瑞：您说过，纠结于某个问题和坦然去面对问题，是两种截然不同的态度。所以说，只要你别把自我带入问题中，那你就能以客观的视角看待一切，问题也就能迎刃而解。

克：不。你也是不想出现问题的，对吗？决不能出问题。

瑞：你说的对，但事实是……

克：不是"对不对"的问题，在学校里我们拒绝出现问题。

瑞：但那样事实就会……

克：等等，现在的问题是，有一个不争的事实摆在面前：我有我的主见，他有他的思想。

瑞：而且这两种主观意志会因私利而发生激烈碰撞。

克：所以我们就制造了问题。我想对你们说，"对不起，两种主观意志会互相抵触，两类各持主见的人会做任何他们想做的事情，但这对我来说都不是什么问题。"请你们再深入一点，深入到不能再深入，别半途而废。这种情况可能发生在学校里：大家的观点互相碰撞，每个人各执己见。你们也看得很明白了。这成了一个问题，不是吗？

瑞：那是因为你把你所感受的一切都看得太重要。

克：没错，或者说每个人所感受到的东西很重要。这也是另一种主观意志的表现。

提问者5：您的意思是不是说，由于受主观意志的影响，一个人就无法客观地看待问题了？

克：是的。你就无法看清事实了。事实摆在眼前，而你却无法看清楚，因为你心存问题，因为你纠结于某个问题。但是如果你确实好好地去审视问题之后，你就会感叹，"主啊，我真的不知道该如何回答这个问题啊！"所以我才会问：你们的思想和内心都在说着"我真的不知道该如何是好了"吗？别把普通的事情变成一个问题。所以说，"我并不把人生看成是问题"这种思维是不是很可贵？

瑞：我们一定要用一种开放式的思维去看待事实。

克：你能做到既透彻地看待一件事，又不把它变成一个问题吗？有一些事情需要你自己去探寻，而不是我直接告诉你答案。要抱有一种拒绝任何问题的心态上路。但是说起来容易做起来难，不是吗？你总不能说一边说着"我没任何问题"，一边浑浑噩噩地过日子。你总需要化思想为行动。

卡：需要一个回应。

克：需要要用实际行动来回应你的思想，那就是要把问题拒之门外。你的思想是这样的吗？看看，我们已经将人生变成问题了：赚钱糊口、爱与付出，以及做好人好事，每一点都是问题。为什么一个学生会把通过考试当作天大的问题？看看结果便知。前几天我读到一篇文章，讲的是在日本，学生有厌学情绪，会自杀；而老师都盛气凌人，蛮横无理，让孩子们十分害怕。当然了，我这里并没有说在座的老师们是这样子。

所以说，你们的思维是否摆脱了问题的束缚？我的妻子不想和我一起生活，她曾对我说，"我要离开这里去墨西哥，你跟我一起走吧。"我说，"对不起，我是很想去，但是我不能跟你去，因为我有我自己的主见"。这样一来，我们之间就有大问题了。如果我没什么问题，那我该怎么做呢？我不想把这件事变成一个问题，我也不会把它看作一个问题。"问题"这个词真的太不适合我了，它最根本的含义是"那些冷不丁地抛向你、掷向你的……挑战"。我非常讨厌那些让你猝不及防的东西，但是我妻子想去墨西哥生活，而我不想去。那我该怎么办才好呢？

施：就去墨西哥呗。

克：跟她一起去墨西哥？［笑声］

拉贾斯：我想问您一个问题。有一天你突然发现自己是一个有制造问题倾向的人。你心里也很清楚，但你不明白为什么会这样。但你的确是在制造问题。而且这时候如果有人走过来告诉你，跟你分析得头头是道，劝你说"别制造问题了"，他还跟你揭示出问题的来龙去脉，结果就是，无论你资质愚钝或天赋异禀，你似乎都能看得很清楚了。可是你发现问题一刻也没消停，仍然在那里。也许问题变得不那么严重了，也许你有所觉悟，但是它仍然未消失，它的核心本质依然存在。这时你会怎么做呢？

克：我不会遇到这样的问题。

拉贾斯：不是遇到，那如果你遇到这样的问题你该怎么做？

克：我不会陷进去的。

拉贾斯：克里希那穆提先生，我想知道您是怎么想的，请告诉我好吗？

克：是的，我知道问题在那儿，但我不会深陷其中。我很认真地跟你们说过，"我不知道。"这不是一个问题，不是一个你大叫着，"我不知道，我该怎么办？"的问题。况且我真的不知道该怎么解决这个问题呀。

拉贾斯：那你会怎么做呢？

提问者 3：那我们恰恰没人能回答。

克：没错，先生，难就难在这里。这很有趣，也非常引人深思，当你说"我们不带任何立场地去审视"的那一刻。

施：那就变成了另外一个问题了。

克：现在明白了吧？

提问者 4：明白了，先生。

克：我能告诉你该做什么，但是不准备这么做。好好审视一下你自己：你所受的训练和教育让你形成一种思维定式，先创造问题，再解决问题。我遇到过科学比如物理方面的问题，我会不断地去研究、去学习，然后解决这些问题，最后在此基础上又产生新的问题。我已经有了一种定式思维，它让不惜耗费10年、15年甚至20年的时间去成为一个优秀的博士。教育经历塑造了我的思维，让我不断地先制造问题，再去解决它们。

提问者3： 我有一个问题：我们成功地解决了问题吗？或许我们只是尝试着去解决呢？

克： 解决了旧问题，随之又出现新的更大的问题。比如，人们想要解决战争的问题，于是发明了原子弹，可这不就是新的问题吗？所以说，如果你去解决问题，如果你没有诸问题，那就没什么……

话又说回来，你是否想清楚了，不要制造问题，不要把一件简单的小事弄成一个问题？当然了，机械方面的问题比如汽车或电话等什么东西坏了，是真正的问题，这些问题要排除在外。我从心底里不愿把什么事情都当作问题去看待，即使夫妻之间吵架，这在我眼里也不能算是问题。你们是这样的人吗？告诉我，先生，你是这样的人吗？

提问者3： 我不知道。

克： 你是在说你真的不知道？

施： 我是这样的人。

克：什么？

施：我制造问题。

克：制造问题的同时，你脑子里又蹦出另一个问题，"我怎样才能不给自己制造问题呢？"看看我们玩的这种弱智游戏吧，你分明知道这其中的逻辑关系的：一步一步，先看如何制造出问题，然后再想如何去解决它。所有的一切你都清楚，可你仍然在制造问题。有人提醒你，"别往那儿走，那里有一个大坑，你会掉进去的。"可你偏继续往前走，到底是怎么回事？你是失明了？还是想不开要自杀？又或许你对别人的话不屑一顾，确实是绕道走过去了，可又掉下了悬崖。明白我的意思了吗？有人会对你说，"不要逼自己呀"，并且会谆谆劝导你一番。

施：我与那个规劝的人有着同样强烈的感受。

克：不。我对此一点感觉都没有！我只是用一种强烈的方式将问题表达出来，但要说给它定性就没那么严重。我们渐渐地深入到了问题的核心，但在最后你却说："我还是有很多问题。"

施：我没说我还有很多问题，我只是不知道该怎么做。

克：我不是在问你要怎么做，我只是想知道你的大脑是不是在制造问题？

施：这时候没有。

克：当然了，这时候是没有，因为我拉住了你脑子里那匹马的缰绳不让它乱跑呀[笑声]。所以说，如果你离开了这间屋子，任你的思维信马由缰，你就又回到原点了。什么意思？就是说你盲目地向前走，明明看见了危险，却坚持要朝那个大坑走过去。

施：你并非真正地在乎。

克：不，不是这样的。简单点说，你看见了一个巨大的坑，那里有一道裂缝，你下去了就上不来。可你坚持要往那边走，你这是怎么了？

施：完全是不由自主的。

克：不是的。你究竟是怎么了？那儿明明有一个写着"危险"的标识牌，你看得清清楚楚，还走过去了。什么情况？你从来不看标识牌的吗？

施：不，我会看的。

克：但是你肯定没往心里去。你是怎么了，孩子？你看见那块牌子上写的"极度危险，请勿靠近"，你看了之后还继续往前走。如果我像你这样做，你会怎么看我这种人？明明看到了一块写着"极度危险"的牌子，危险到可能会让你丧命，我却继续往前走，你会用什么词形容我这种人？我还继续往那里走，你会怎么说我？

拉德希卡：瞎了。

施：疯了。

克：你们都用这种奇怪的词啊。你们会怎么说我呢？你们会说我是傻子，不是吗？我就那样一意孤行，然后掉进坑里，就是说明我自身有一些问题。所以说，当你告诉大家"我明知道制造问题是种危险行径"，可依然一意孤行，你是不是有什么问题？

马德拉斯

1983 年 1 月 7 日

6. 切勿,庸人自扰之

我们有没有意识到自己是被训练去解决问题? /我们要摆脱这种习惯性去解决问题的倾向,你们是否从专业的角度去解决人的问题? /嫉妒心和问题制造机是始作俑者。/让这个制造问题的机器停止运转吧,只有当你意识到它是一台问题制造机,它才会停止转动。/这台机器是真正的麻烦所在,感觉就是把生命中的一切都变成问题。/所以,当这台机器停下来之后,人的思想就会经历一个巨变。

提问者 1:昨天我们讨论了我们应该把重点放在哪里这样的问题——是着眼于普通人还是专业人士? 我们都非常清楚,专业方法是解决问题的一般方法,它把行动分为问题和解决方案两部分;而普通人的解决方法并非如此。

克:你很确定我们说过普通人的方法就不像专业的那样?

提问者 1:是的。

克:我们是否说过,我们的大脑或我们的思维——不管你在这里用什么词——都习惯性地去解决问题？我们的大脑和思维受到训练去解决诸如计算机、工程等问题。如果我作为一个工程师遇到了某个问题，那么解决方法就在我脑子里定型了。我们说过，诸多的心理问题都可以用一种相同的方式来解决，换句话说，就是人的大脑和思维习惯于去解决问题，面对人的问题也是抱着相同的心态。这就是我们昨天所谈论的。为什么我们要把一切都变成问题？为什么？来探讨一下，人为什么要制造问题？

提问者1：这个"为什么"答案很明显：这已经成了一种习惯，是我们一贯的生活方式。

克：今天早上普和我谈了10分钟，我们看到了一些事情。在我看来都不是问题，我对一些事情有明确的想法：至少对我而言，它们不是问题。同时我也希望她赞同我这个观点：这对我而言不是问题。现在，我们为什么要把任何事情都变成问题呢？我们昨天说过，人是具有各种特点、习性、信仰等因素的一个集合体，我们的学生也是这样。你们明白"集合体"这个词的含义吗？人是由各种要素构成的，由智力、情感、感官和观念上的——如喜、怒、哀、乐、惧等要素构成，并受各种条件塑造而成的一种集合体。我们的学生也是这样的一种集合体。我们首先是人，然后才是教师。我们一直都致力于培养出与众不同的人，优秀的人。我们也稍微探讨了一下什么是"优秀"。所以目前有这三个议题：我是一个由碎片拼起来的集合体，学生也是一个集合体。我们都觉得一定要培养出优秀的人才。

为什么要把这个看作一个问题？该如何去做，谁来指导我们怎么做，以及如何克服、如何面对一个破碎的自我，这些统统变成了一个大问题。如果我有说错的，请及时帮我纠正。但到目前为止，关于我们昨天讨论的话题我说的都算对吧？意识到了这一点后，我们把它看作一个问题。教育培养了我们解决问题的思维，所以在遇到某些事情时，大脑就告诉我们，"这是一个问题，我们一定得把它解决了。"然而，正如我们刚说到的，我们为什么要这么想？好端端的我们为什么要去制造出一个问题来？我是破碎的，学生也是破碎的。我们所想的只是培养出优秀的人才，可为什么这就成了一个问题？从你把它看作问题的那一刻起，你的思维就打上了"这是个问题"的烙印。那件事一直存在，有待我们去解决。但如果你带着你被训练后的解决问题的思维去面对它，那就把这件事看成了一个问题。我说过，"不要把它变成一个问题"。这是我们昨天谈到的，对吧？先生们，现在我们继续。

我们为什么会把它变成一个问题？或者总体上来说，我们可以另辟蹊径？计算机带来了许许多多的问题，而我们的思维是很强大的，因为教育培养了我们解决那些问题的能力。而在这里，情况并非如此。我们能不能换一种思维方式，在不把它变成一个问题的前提下去解决它？所以可以这样想：我是破碎不完整的，我是一个集合体，学生也是一个集合体，每个人的内心深处都希望有优秀的人出现。我们能否换一种思维，不把它变成一个问题？我们该怎么办？如果我不把它看作一个问题，并且就我个人而言，我不想把任何事当成问题。我观察问题，任其自然发展。现在存在这三个问题，那是否有可能不带着任何解决问题的思维去观察它们？不带着一种训练过的解决问题的思维去面对它们？我个人是不想把它看成一个问题的，这就是我的立场。我是破碎的，学生也是破碎的。我们都有一种理念，不是理念，是感觉，觉得我们一定要培养出优秀人才。你们怎么看？

桑：区别是否仅仅表现在"问题"这个词和制造问题的思维特性上？只要这种差异性存在，事情就迟早会变成一个问题。

克：我不太明白你的意思。

桑：您不是一直反对"问题"这个词吗？

克：我们之前解释过这一点，有过探讨。"问题"这个词，从它的词根、词源的意思上来讲，就是"一些抛向你的事物"。

桑：人生就一直是接二连三抛向你的各种事。

克：我对此表示质疑。

斯：我们能否仔细观察一下这个过程？在这个过程中，

我们把普通情况变成了问题。

克：昨天我们一直都在探讨这个。

斯：我们实际上并没有探讨得特别深入，因为在这个过程中，人的欲望也参与其中，而改变了一些事情。

克：恕我直言，我们昨天确实深入地探讨了这个话题。我们问："我们首先是否意识到自己这么做是被训练要去解决问题？在这个训练过程中，我们的思维受到了限制。当你去看这三个问题时，①你就带着一种定式思维，将其当作大问题。我说，"不要把它看作一个问题嘛。"那好，如果你不把它看作一个问题，结果会怎样？你明白我的意思吗？会有什么变化？

提问者 2：我们就不能从研究事实开始入手吗？

克：我们研究事实，我是一个不完整的人，一个由高低不同层次、有正义也有邪恶、矛盾、追求崇高的各种因素构成的集合体。那个男孩也是这样的一个集合体。所以我该怎么办呢？事情摆在那里，我却没把它当作一个问题去解决。我很排斥把它变成一个问题。

卡：就我个人而言，我是否能说这是一个集合体，那是一个集合体，我想要孩子成为一个优秀的人？当我说我想要孩

---

① 他在本章的第六段里提到了这三个问题："坦白地讲，目前存在这三个问题：我是一个拼凑起来的集合体；学生也是一个集合体；我们都认为一定要培养出优秀的人才。"

子变得优秀的时候,我就把这件事变成了一个问题。

克:是的,我们或多或少地都认同这个说法,不是吗?我们意识到我们必须建一栋房子,一栋很好的房子。我们看到了这个世界的真实模样,所有的一切是如何瓦解。基于这样的观察后,我们看到人是如何让一切走向毁灭。所以我们会说,"我希望能出现一个……"等等救世英雄之类的话。这不是一种理想,不是一种愿望,不是一种结论。对我而言,这话什么都不是,而对你而言或其他人而言可能有用。我的问题来了:如果你不带着一种解决问题的心态去面对它,那你会采取什么行动?

提问者3:有一个情感方面的问题。

克:请不要用"问题"。摆在那里的是"事情"。

提问者2:这就是我们为什么会把某些事情看成问题的原因?

克:你为什么要把它看成一个问题呢?

提问者2:因为我们每个人内心都堆积着情感。

克:因为情感的堆积?那是你自我反射的一部分,也是一种思维的表现,这种思维让你习惯性把一切情感都当作待解决的问题。那我们能不能摆脱这种把一切都看成问题的倾向?我们能不能做到?如果你能做到,那会有什么变化呢?那我们又用什么方式去解决问题呢?

提问者4:我仿佛隐隐约约地瞥见了……

克：是的，是的，先生，我能体会你的那种感觉，继续说。

提问者4：体会到了如何在问题中成长。

克：看透它、审视它、调查它，就是不要把它当作一个问题。这就是我一直都在强调的。

提问者5：当我以一种不带着问题的态度去处理一切事情或问题时，我与问题之间又增进了一层联系。

克：你是否与我们描述的那种稳固三角的关系又近了一层？当你如此靠近问题时，你会做什么？你会怎样去做？

提问者5：我不会做什么。问题本身给我启示，教我该如何去做。我不会围着这样或那样的问题打转，因为问题已然展开，答案之门已经打开。

克：那么它是如何向你展开的？希望你能允许我重复一下昨天我们谈到的观点，尽管它可能比较枯燥：你是否非常清楚，你不是抱着一种习惯性解决问题的思维去面对问题的？你对这一点认识得清楚吗？你在科学上遇到一个问题，因为你看了很多书，研究了很多年，所以你知道如何去解决它。所以你全部的注意力都集中围绕在如何去解决这个问题上。假设有一个关于人的问题，你也会用一种专业的角度去解决这个人的问题，不是吗？怎样才能做到不机械地去看待一个问题呢？机械在这里的意思就是一种思维习惯于沿着某一条线走，就像工程师一样，重复一根筋。这种重复可能很宽泛，也可能很狭隘，可能很长远，但就是一直都持续同一个动作。你是不是就是用这种思维去解决问题的？

提问者 6：在思维的领域，我们能用到的工具似乎就是去思考，形成思想。

克：是的。

提问者 6：所以思想跟问题有关系吗？

克：我不打算直接回答你，这要靠你自己去寻找答案。你想表达的是这样一种观点：一种习惯性地去解决问题的思维现在开始运转着要处理这个问题了。不是吗？那么你会怎么办呢？

阿弛：我们做任何事情都让问题更复杂化了。

克：我没有问题。你还没理解吧。你还在用"问题"这个词。我们为什么要制造问题？看，我们可以简单化，心里要想着"问题"的词源含义就是"抛向你的事物"。一个问题就是一个挑战，不是吗？我知道如何面对问题，因为我已经解决了数学等学科方面的问题。我能搞定它们。我多年来一直都在学习，并且矢志不渝。你能不能保持和我一样的动力去处理"这种"问题？很显然，你是在这样做。我不是在批评你，我也不会批评你，因为批评你不关我的事。我只是想问问你，你是不是抱着这么一种心态去解决问题的？

提问者 3：如果我们不带着"这是个问题"的心态去面对问题，那么问题就不再是一种"抛向我们的东西"。

克：现在抛向你的问题是：我是一种集合体，你们也都是集合体，这是事实。你是我的老师，你是一种集合体，我是你的学生，我是另外一种集合体。问题就是这样，没有什么东西会猛地抛向你，事实就是这样。

提问者3：我们正好处于这样一种状况。

克：就是这样。事实是一种问题吗？想想看，我是一种集合体，这确实是事实呀。

提问者3：但是你可能心理上并不喜欢这样的事实。

克：我知道。事实与你喜不喜欢无关，事实就是事实。我的头发已斑白，这是事实没错？如果这是事实，我为什么要把头发变白看成一个问题？当我不喜欢事实，或想要逃避事实、改变事实的时候，我就把它变成了一个问题。那么一个事实能否变为另一个事实呢？这是让你们感到棘手的地方。

施：也许能，也许不能。

克：孩子，你再好好地思考一下，你和我的关系：你是老师，我是你的学生，我们都是不同的集合体，这是一个事实，这就是事实。可现在你为什么要把它变成一个问题呢？

施：我没有把它变成一个问题呀。

克：噢，不，不。认真地说，我为什么要把它变成一个问题？这不过是个事实呀。

施：因为我想要解决它，所以就把它变成了一个事实。

克： 或改变了事实。

施： 是的。

克： 事实就是事实，它就像一个扩音器。

提问者2： 您是不是想说，我们不得不被动地接受一切事实？

克： 我并不是这个意思。我说过我是一种集合体，他也是一种集合体，这是事实。这是一面白色的墙。

桑： 按理说，如果你不喜欢一样东西，最直接的反应就是你极力地想改变它。所以我才会说，"看，就是这些问题，同样的思想决定了同样的行动。"

克： 你的意思是说，问题更大程度上是源于一种精神层面的结论。

桑： 我把问题看成一种事实，这样我才有一定的压力去解决问题，才会深入地去调查。

克： 我没有压力。

桑： 您……没有压力？

克： 没有，你为什么有呢？你哪里来的压力呢？

桑： 因为我是不完整的，这是一直存在的事实。孩子们是一种集合体，我也是一种集合体，这也是不争的事实。我发现，凡是想要努力去改变事实的尝试，结果证明只是同一个问题的延伸。我看到了，事实依然存在。

克： 不，我并没有说过"同一个问题"这样的话。

桑：那您是怎么看的？

克：我说过我是一种集合体，这是事实没错。我的问题是，为什么要把这种事实变成一个问题？

阿弛：因为集合体这个概念本身就带出了一个问题。

克：不是这样的，先生。

阿弛：那这问题算是一种什么样的集合体？

克：你昨天有没有完整地听我说？

阿弛：我有。如果是一种情感和思想的集合体，那么当不同思想产生碰撞时，就会制造出问题来。

克：为什么不同思想之间会产生碰撞？不错，碰撞是有可能的，但是为什么就成了一个问题？纠结之处就在于：我既渴望财富，同时又想要成为一个托钵僧。这样一来，两种思想就碰撞了，这是事实。我认为自己是个伟大高尚之人，但是我其实也有相当粗鄙卑劣的一面，这也是事实。我为什么把这看成了一个问题？你们明白吗，你们没有抓住问题的根源。

提问者1：我想要问一问您，为什么我想要改变事实？

克：不，不，你还没有真真切切地体会到"不制造问题"是一个多大的命题。在我的人生词典里，我不想出现"问题"二字，不想看到，你明白吗？而且我是非常认真地告诉你，我不想有问题出现，我也不会把任何事情变成问题。

提问者2：当您说"我不想"的时候，这就已经算是一种精神层面的结论了。

克：噢不不不，我昨天已经表述得非常清楚了：当我用到"不"这个字时，就表明我已知道为问题而庸人自扰毫无意义，且劳神费力。

普：我可以问您一个问题吗？一种零碎的思想是不是除了制造问题外再难以发挥其他的作用了？

克：我认为是的。

普：那现在这个问题就很关键了。

克：即便是零碎的思想和不完整的集合体也要……

普：这是个非常关键的问题。

克：是的，是的。

普：能不能换一种角度来看待这样一种零碎的思想？

克：有，怎么没有呢。我就是只从事实角度出发，比如说，你现在已经不在班加罗尔了，这就是事实。

普：是的，但是要涉及情感方面的事实，您就不会这样看这样想了。

克：等一下。我跟我妻子吵架，这不过是个事实。但是当我说，"我绝对不能跟我妻子吵架"或者"亲爱的，我们为什么要吵架？"等这种话之后，那吵架就成了一个问题。而且我一直强调的一点就是，这就是我们生命的全过程。你们是否确定理解了我说的这一点呢？

施：理解了。

普：我不太理解。

克：你们俩先出去打一架［笑声］。

普：怎么能就把问题搁那儿不管呢？我现在很嫉妒，这是事实。

克：这样就够了。

普：这还不够，先生。

克：我知道，非常好，首先，不要把嫉妒变成一个问题，嫉妒是事实，对吧？

普：您说过，"不要把任何事变成问题"，这一点我明白。心里就像有一台问题制造机，机箱里装的只有问题。只要这台机器开始在我脑子里运转，那就一定是出现了问题。

克：昨天我们已经非常详细地探讨了这个话题。大脑就是机器——在这里我们用"大脑"这个词。我的大脑被训练得像机器一样去解决问题，教育和培训让我们已形成了一种定式思维。

普：除此之外再无其他了吗？

克：等等，我把人生中的一切都看作待解决的问题，我的整个人生就是一个要命的问题——生、死、爱和性，样样都是问题。我就要问问大家了，为什么我们要把这些事情变成问题？我提出这么一个问题，你们给我什么答案？

提问者1：这是一种自我的定论，解决问题能让我更加坚定自己的存在。

克：这是什么意思？你的意思难道是，你自己是一个解决问题的机器？噢上帝啊！

施：在还没有看清事实、还没能看到事实之前，你就把某件事当成一个问题，然后开始去想解决的办法了。

克：是的，就是这样。那现在你能看一看摆在你面前的三件事吗？不说其他的，就说这三个：1. 你是一个老师，是一个充满各种情感的集合体；2. 我是一个学生，是另外一种集合体。3. 怎样才能培养出优秀的人。你能不能做到：只把它们看作单纯的事实，而不要将其带到"问题制造机"中，然后摁下"我一定要解决这些讨厌的问题"的按钮？我是一个对什么事都抱无所谓态度、粗心大意又自由散漫的人，这是事实。而我看到你对待问题非常认真，非常明确地知道自己要做什么，而且做得高效，做得漂亮，噢，天哪！为什么我就不能像你们那样呢？

施：您会那样说吗？如果您是一个对什么事都抱无所谓态度的人，那您一点都不会了解我的。

克：噢，亲爱的小家伙，我了解，我懂的。别跟我说这种傻话。我当然能了解你。你开车的技术比我强，我上了你的车，发现你开得比我好。

施：我只会说您能比我开得更好，然后我就把车摆那儿了。

克：不，先生，你看，我有一颗嫉妒心，嫉妒各种衡量标准，各种比来比去。心里的那台机器一直在不停运转，它想要改变嫉妒这个事实，然后把它变成一个问题。所以我一直都在为嫉妒心这个东西苦苦挣扎着，这么多年来，我的大脑就训练成这样去思考问题。

施：说得对。

克：对吗？就这样，我把嫉妒心变成了一个问题。现在，我能停下这台问题制造机，坦然去面对我有一颗嫉妒心这样的事实吗？只要抓住这个要点，我们就能探讨出问题的来龙去脉，但是如果你没有切中这一点，那我们就谈不下去了。这听上去似乎很合情合理，这有什么困难的吗？

普：那台机器真能停止运转吗？

克：我们就是要找到这个问题的答案。这个机器能停止运转吗？你明白她的问题吗？你怎么看？

施：在回答这个问题之前，我想告诉您一件事：我现在很嫉妒你。

克：你嫉妒我吗？

施：是的，当这种嫉妒写到我脸上时，我会努力去掩饰，因为我不想让你看出来。

克：当然不想让我看出来。

施：那么会怎么样呢？正是因为嫉妒本身就是一种无法自我审视的行为，所以我才不得不向你表现出我的嫉妒。

克：是的，没错。你已经明白了吗？我嫉妒你，并且向你表现出来了，这时候我突然意识到那一整台机器还在运转。刚才普问我了一个问题：这台机器能停下来吗？

提问者 3：如果是一个旁观者，他怎么看待这种充满嫉妒的机器呢？

克：这与是不是旁观者没有关系。你的大脑被训练成那样了，这是事实，不是吗？你解决问题的大脑是被训练和教育出来的，你是否承认这一点？

提问者 3：我承认。

克：那你让那台问题制造机停止运转吗？别问我，"谁让它停下来？"别把它看成一个问题，你明白吗？

提问者 3：我们只应关注这一点吗？

克：等一下，我们继续深入研究。我就像是一台机器，被安装了一个解决问题的程序，一直工作到我生命结束，去解决那些象棋问题、机械问题，以及数学问题。现在我问自己，这台机器能停下来吗？如果我说它一定要停下来，我就把它变成了一个问题。那么我又问自己，"我怎样做才能让它停下来？"用自己的意志力等东西来控制它，这时候我意识到让机器停下来——就是在制造问题。

普问了一个非常好的问题，我们昨天也谈到了，"我们在能让机器停止运转的同时不把它变成一个问题吗？"

提问者 5：普问的是"机器能停止运转吗？"而不是"嫉

妒能停止蔓延吗？"

克：是的，我正在想这一点。我在乎的只是机器能否停下来，而且我说过不会把它变成一个问题。怎么让它停下来、为什么要让它停下来、压制它、逃避它、超越它，或是寻求古鲁或者像你这样的人的帮助，告诉我该如何让它停下。不这样做的话问题就出现了，我就一直看着这台机器运转着，才恍然大悟，原来我们的大脑，我们的思想都是受过训练去解决问题的，这就是事实。

提问者1：这种努力的过程是一种事实。

克：是事实，没错。

普：但是你看，问题终会画上句号。

克：我没有给它画上句号。

普：嫉妒一直都在。当你从表面上努力地去解决嫉妒这个问题转变为从内心去观察这个机器的运转的那一刻起……

克：那就是一种事实了。

普：是事实，没错，但是看看这中间发生的变化。那种洞察……

克：噢不，不，请不要用洞察力这个词。你这样只会让问题更加复杂。

普：我心里升起一种感觉，大脑立刻判断出这是一种嫉妒心。一般下意识的反应就是：我怎样才能甩掉这种嫉妒呢？这会给我带来问题啊。

克：是的，会带来问题。

普：一有了嫉妒心，那问题就来了。

克：当然，我们之前都说过了的。

普：发现了问题出现，就等于说是观察到了那台机器。

克：所以说，我有嫉妒心，这是事实，正是认识到了这一点之后，我也开始去观察机器的运转。这两方面都是事实。

普：都是事实。

克：先等等，暂停一下。两者都是事实，对吗？我该怎么做？继续，太阳升起和落下，这是个问题吗？

施：不，这是事实，是你无法改变的客观事实。

克：你才意识到这一点吗？等等，你漏掉了很重要的一点。

普：我没说什么重点的话吧？正是去观察了那台问题制造机，在这种观察的状态中，衍生出了一种行为，这种行为既不是努力地去改变事实，也并非是制造了问题。我不知道自己是否将这一点表达清楚了。

克：恕我直言，你把这个问题弄得有点复杂。我想尽可能地让它简单化。你有嫉妒心，这是事实。你是不是一直尝试去解决一个事实？

施：不，我没有想去解决一个事实。

克：如果不是的话，那么这台问题制造机就没有运转了。

施：是的。

克：等等，咱慢慢说，我把这该死的问题整得太复杂了，都不想研究了。你嫉妒我，嫉妒别人，你十分清楚这一切。你是否感觉心里的那台机器已经开始运转，开始掌控了一切？

施：感觉到了。

克：那么你就是在制造问题了。

施：是的。

克：为什么会这样？

施：除非它表现出来，否则我无法认清内心的嫉妒。

克：不！你嫉妒某人，那么你生命中的那台问题制造机就开始启动，抓住你这种嫉妒心，然后制造出一个问题。你能意识到这种心理活动吗？

施：能意识到。

克：这一心理活动就是事实，在这一刻先放下嫉妒吧。

施：这种心理活动很重要。

克：这也是通过教育和培训而培养出来的一种解决问题的心理状态。当你看到了事实，这种心理活动就活跃起来了，不是吗？下面我要问你们另外一个问题：这台问题制造机能停下来吗？只有当你意识到这台机器能解决问题，并且你能做到回避事实，那么它就自然而然地停止运转了。

施：是的。

克：你领会到重点了吗？你清楚了吗？请注意，先生，你心存嫉妒。你知道什么是嫉妒？嫉妒是一种衡量标准，是一种比较。你是否意识到了这种倾向？意识到有一种思想活动永远都把人生看作是一个问题？你把人生看成一个大问题。

施：是的。

克：对吗？你是否意识到这种思想活动是事实？

施：是的。

克：那就是事实。现在，你能做到只看事实而不要制造……

施：制造另一个问题？

克：另一个问题，实际上只是一种事实，对吗？

施：我曾三番五次地尝试去解决它，可问题依然如故。

克：不，你还没有真正地解决。你有真正地把它看作一个事实吗？就像电流通过电线一样，是的的确确的事实。

施：是的。

克：所以说这种心理活动是一种事实，嫉妒心是一种事实。但是如果你想让这台问题制造机停下来，那事实就成了一个问题。

施：是的，比嫉妒心本身更严重的问题。

克：所以你就有了两个问题，都像这样的话，人生中的问题就会层出不穷。现在我想问你们一个问题：在不把事实变成问题的前提下，我们是否能够对这种训练形成的思维倾向说"不"呢？

施：我们可以。

克：那该怎么做？

施：去观察这种思维倾向。

克：你已经观察过了。

提问者3：每当我去观察这种思维倾向的时候，它已不存在了。

克：它在你心里已经消失了吗？

提问者3：没有。

克：如果你不是故意的就不要说这样的话。

提问者1：当你意识到有问题时，这个问题制造机是真的会停下来，但接着你就进入一种混沌不知的状态了，并速跳转到之前的状态……

克：你为什么会这样？我们昨天已经探讨过，前面有一个指示牌，上面写着"此路通往险境，前方有巨坑，务必小心，请绕道"。你看到了这个牌子，却仍然继续朝危险方向走，你为什么要这样做？

施：因为你不知道，你还以为那是唯一的一条路。

克：但是明眼人都知道走那条路是有生命危险的呀，都告诉你别往那儿走了。

施：你认为那条路更有冒险性。

克：哪条路？这一条吗？

施：不，人们指出的另一条路。

克：你的想法真是够奇怪，你是怎么了？如果你不带着这种思维倾向，你就能简单地观察事实，看清究竟是怎么一回事。你就不会想着如何去解决。

施：我也不太清楚，我们总不能说问题就那么放着别管了吧。

克：我一直强调的一点是，我的思维已经被训练、被教化、被塑造——你想用到的任何词语——去解决问题；那就是事实。现在，我能否做到只看事实，而不要尝试着去终结事实、让事实停止或逃避事实呢？就简简单单地去观察一个事实，不要管是谁去观察、为什么要观察之类的问题。就直接观察好了，你能做到吗？

施：能做到。

克：你当然能做到。

施：就像我们观察太阳东升西落一样，很自然的。

克：没错，你看到的是什么样，它就是什么样。话又说回来了，那问题制造机能停下来吗？当你去观察内心的嫉妒时，当你发现心里升起了这种嫉妒的感觉时，绝不允许这台机器占据你的大脑，是"绝不允许"，明白吗？我已经不想再重复这么多遍了。

施：是的，已经很明白了。

克：明白了哪一点？你明白了那台机器才是真正的麻烦，而不是事实，对吗？

施：是的。这是比事实本身更大的问题。

克：我一直都在说这一点嘛，你是怎么想的呢？那台问题制造机是真正的麻烦，不是事实。所以说如果这台机器是麻烦的始作俑者，如果你从心底意识到或看清这是一台问题制造机的事实，你就会感叹一句，"我的天哪"，然后一切都结束了。但是你却没有意识到这一点。比如，你办公室里有一个捣乱鬼，你对他说，"别惹麻烦"。给他一次机会、两次机会、三次机会，然后受不了了，就说"我说孩子啊，你快点出去吧。"这时候你能做到就简单将问题制造者看作一个事实，而心里不去想"我一定要解决这个问题，我一定要做些什么来搞定它"这样的话吗？他可是一个实实在在的麻烦制造者啊。现在再回到嫉妒这个话题上，就那么简单地观察它，结果会有什么不同？嫉妒本身就不是个问题。你是怎么想的？明白了吗？不需要用言语，任何言语表达，就是一种感觉，不要把什么事情都变成问题。

施：可是，要能把所有的事情都看作单纯的事实，首先一定要有这种强烈的想要去看的欲望，难道不是这样的吗？

克：不，不是这样的。眼镜蛇很危险，这是事实。可你不认为一定非要去看看眼镜蛇，一定要去马戏团做个详细调查。你很清楚它是危险的动物。

施：但是在日常生活中没有……

克：那正是我一直都在强调的：当我们每个人面对自己的日常生活时，心里都有一台机器，告诉自己，人生成为了一个问题。

施：当我与你打交道时，我感觉自己很嫉妒你。那一刻我心里的这台机器开始工作，它努力克制着这种情绪。如果就任由这台机器自行运转的话……

克：那么你心里就会有一些问题。

施：因为你畏惧他人。只有当你无所畏惧的时候，你才能冷静地观察内心的这台机器。

克：别这么快就给定论。你已经下了结论。

施：是的，我已经下了结论。

克：那也就是说，你已经停止了思考，停止了调查。你说过，只有当内心无畏时，那台机器才能停下来。

施：您知道，那是一种对畏惧的掩饰。

克：是的，畏惧。你看你又把这变成了一个问题：我怎样才能摆脱畏惧的心理呢？

施：不，我根本没有把它看成一个问题。

克：但是你已经说得很清楚了，你下了一个定论，认为你一定要……

施：因为从我自己身上，我已经看得很清楚，当我心存畏惧时……

克：你已经抓住这个话题不放了，先不要谈"畏惧"的事。

施：就假设我很怕你吧。

克：你不怕我。

施：我是不怕你，现在只是假设。

克：噢，不，不要做什么假设。为什么要假设呢？又不是真的。假设并不能代替真的事实。你嫉妒我，这才是事实。

施：是的。

克：如果你真的嫉妒我，你就不要把它变成一个问题。也就是说，不要让那台问题制造机掌控了你的思想。一旦机器操纵了你的思想，你的问题就来了，因为那台机器本身就是一个问题。如果你十分清楚这一点，那么这台问题制造机就不再运转了。一切都真实自然，就像太阳东升西落一样，你弄清楚了这一点吗？

施：非常清楚。

克：那么你如何面对你心里的嫉妒——不把它当作一个要解决的问题？

施：就让它自由发展好了。

克：你看，你已经在下定论了。这就意味着，当你开始对某一件事情下结论的时候，这个事情就算是告一段落了，就等于说你关上了那扇门了。但如果你在还没关上门的时候突然喊出"噢天哪！我发现了一个事实，那就是我决不能……"你明白吗，这时候你把门关上简直就疯了。所以说，你心里的嫉妒感，到底是怎么一回事？

我想与某人结婚，然后我便意识到，我决不能把它变成一个问题。因为今天早上我清楚地听到你们谈的内容，我明白了在结婚这件事情上，我一旦按下了那台问题制造机的启动按钮，从那一刻起，结婚就成了一个问题。所以我是不会把它变成一个问题的。但是我想娶的那个女人，她却不想嫁给我，这是一个事实。我想娶她，这一个是事实。

施：这不是一个问题。

克：不是问题？［笑声］你是什么意思？

施：我不想娶她，就是这样。我看清了事实。

克：有你说的那么简单吗，孩子？

施：是的，先生，非常简单。

克：你有没有遇到过你全心全意想要娶的那个人？

施：有，我有遇到过。［笑声］

克：很好，你会把这当成一个问题吗？

施：最开始……

克：喂喂，你看，你们这些人还是没想明白啊。我想娶那个女孩，但她不想嫁给我，这两者都是事实。我想和她在一起，我想跟她结婚，我想与她一起生活，想和她做爱，想和她生孩子，我全身的细胞都调动起来了，知道吗？我是否把这变成了一个问题？我已经听了你们关于问题的所有讨论，从昨天到今天，我发现这台机器一直在制造着问题。所以我明白这一点，问题就此画上句号，但事实仍然存在。

施：对我来说那不是一个问题。

克：有你说的那么简单吗，孩子？

施：是的。

克：就好比我说，"再见了，姑娘，非常感谢你"，然后就走了，就这么简单？

施：是的。

克：听着，如果我现在爱着你，你不能说拜拜然后走掉。我想要和你在一起，心里有一股巨大的驱动力，生理的心理的各方面都有。但我知道我不会把这当作一个问题去解决。明白是怎么回事了吧，先生。你不会去面对这个问题的。我是一个冷酷无情、只顾自己不顾他人、做事毫无条理的人，你同样也是这样的人。这些都是事实。我发现那台问题机器在这里发挥不了任何作用。我真的看清了，用言语不足以表达的看透了一点就是：那台机器已经完完全全地停止了工作。这才是你困难开始的地方——机器停下来了。〔停顿〕

在瑞希山谷学校，你们将要面临很多很多的问题。问题有时候不得不倒过来看——当然也不是完全颠倒。有一些事情注定会发生，要有彻底的改变，而不能就这样庸庸碌碌地过去了。我要把这一点讲给所有人听。如果我把它看作一个问题，我就绝不会让它终止。问题会接踵而来，一个接一个，永不停止。只要那台机器还在运转，瑞希山谷就会有许许多多的问题。这台制造问题的机器，危险而又狡诈，就像眼镜蛇一样，我说过我绝不会去碰一条眼镜蛇。

提问者 5：克，据您的意思，是不是这台机器连瑞希山谷学校最实际的问题都解决不了？

克：是有一些实际的问题，比如食堂饭菜的营养问题，给孩子们提供更好的饮食等，但是如果你把更好的饮食都变成一个问题的话……

施：马路中间有一块石头，这就是一个实际问题，只需要把它挪走，放一边去。

克：放到一边去。你在说什么呀？你需要更多的水……

施：要更多的水。

克：如果你有钱，就去钻探水源。如果你没有钱，就不要去种树。想要修路就去修，做不到的话就在路上铺砂石、浇泥浆等任何筑路的方法都可以。千言万语归结到一点，就是：人活这一生，不要把人生中的任何事都变成问题，切勿庸人自扰。我想知道你是否把这一道理融入到了你的血液里？［停顿］

现在，我在瑞希山谷学校面临着各种情况，有一些现实摆在那里。我并不准备把问题带到这里，但是请注意，我们一定要透彻地明白一点，那就是，一旦你带进来这么一台机器，你就是要制造问题了，瑞希山谷学校就会充满问题。因为这一点，你就把机器停下。它是来制造问题的，而不是一个简单事实。

施：是的，这台机器自发地制造问题，它的本质就是去制造问题。

克：那就是了。如果这一点完完全全，清楚得不能再清楚的话……

施：这不仅仅是一台问题处理机，它也是一台问题制造机。

克：没错，现在明白了吧？

施：明白了。

克：你很确定你明白了？已经融入了你的血液里？

施：那我还是有点怀疑。

克：噢，不！你怎么能怀疑那是不是一条眼镜蛇呢？你不会去怀疑一条眼镜蛇的，对吗？

施：如果我不那么了解眼镜蛇的话……

克：你不妨自己去观察一下。你好好地观察一下眼镜蛇，通过它身上的斑纹就能认出来，你原来也看见过眼镜蛇的。如果你发现那台机器是最危险的东西，你就不要去碰它。清楚这一点吗？

施：清楚了。

克：如果你真的清楚了，那你要面对的就是事实，而不是问题。就去解决事实的问题好了，你和我都是讲事实的一类人。试想一下，如果那台机器被扔出窗外，会怎么样呢？会有什么样的结果呢？

施：那就只剩问题了，只剩下某种集合体了。

克：你为什么要用"问题"这个词？

施：不好意思。

克：先生，就看看现实。目前只有事实摆在那里：我是一种集合体，你，我的老师，都是一种集合体。再说说你自身的嫉妒心问题：我嫉妒你，因为你高我矮，你漂亮我难看，你聪明我不聪明，你有深度而我没有，等等诸如此类的对比。所以我嫉妒你，可这时机器已经不复存在了，我不可能明天去把它捡回来。机器已经消失、破碎、蒸发——任何你想用到的词语。那现在我们该怎么办呢？

卡：事实总会显露出它的本质。

克：事实是，我心存嫉妒。先别急着转移话题。我心存嫉妒，这是事实。那台机器已经没有了，终结了，被扔到莫斯科了。你要怎么做呢？如果机器没有了，会出现什么结果呢？

卡：嫉妒心就显露出来了。

克：是的，我知道那意味着什么。结果会怎样？就像一种毒药在起作用，对吗？

提问者1：你要继续探究事实。

克：谁要去继续探究事实？你又回到了最开始，这说明你没有真正地摆脱那台机器的束缚。我该做些什么呢？生生死死都伴随着这台机器吗？而我，就要带着一种嫉妒心度过我的余生吗？先生，你是怎么想的？我也回到这个问题上来了。

提问者5："我应该与它生死相随，接受这一切吗？"当你问这个问题时，你是不是在谴责嫉妒？

克：不是，先生。

普：问题是：你是在谴责嫉妒吗？问问自己，该如何面对事实？

提问者5：不，机器虽然已经停下来，但我不知道发生了什么事情。

普：如果机器已经停下来，你怎么能说你不知道发生了什么呢？

提问者5：我心怀嫉妒。

普：你意思是说机器停下来了，可嫉妒心仍然没有消除。

提问者5：是的。

克：你很确定是这样的？

提问者5：确定。

克：等等，先生，等等。这不是一个玩物，你很确定机器已经不存在了？

提问者5：某一特定时刻它就不在了。

克：噢，不是这样的。我们的困难就在这里：我们从来没有认清一个事实，那就是，我们被训练过的大脑是真正的麻烦始作俑者。我可以好好看一下是怎么回事，但那样不过是一种文字游戏，而且我也厌烦这样的事情。所以我会问，你们已经放弃了吗？我一定要找出答案。你是我的一个学生，所以我问你。在跟随克学习了这么多年之后，他会问，"你让这台讨厌的机器停下了还是没停下？"你有没有做到呢？你给那些可怜的学生发试卷，考察他们的学习，而这里也有你的一份试卷，你不能就这样沉默不语。你要回答我，就算不及格也不要紧，要继续深究下去。

你已经让机器停下了吗？它已经被打碎了吗？它已经运转不了，是这样的吗？绝不！你不可能抓住它然后把碎片拼接起来。一切都没有了，被原子弹炸得灰飞烟灭了。留下的只有一个事实，就是嫉妒。然后呢？难道你没看到发生了什么吗？当机器停止运转、被打碎、蒸发后消散得无影无踪，此时的你又经历了怎样的变化？你的思想是什么样的？

施：思想静默了。

克：不，孩子，别回答这么快，先稍稍地研究一下，研究一下这个问题。问题是：当机器已经不复存在，还有什么？

施：什么都没有。

克：别回答得这么快。看看这个问题，静静地思考，好好地想一想。先观察一下。

提问者 2：机器还在那里，所以我们没办法去想它不存在时的问题。

克：这就对了，为什么它还没消失呢？你知道它会消失的原因、它的逻辑过程和最后的结果，而它仍然在那里。为什么？尽管你看到了一路上所有的危险警告，但仍然坚持往最危险的那个方向走，有十个警示牌上面写着"勿往此处，有生命危险"，但你坚持往那里走。你是不是神经出毛病了？

提问者 2：是的。

克：噢，不。你看，一切都结束了。

提问者 2：一种势头迫使我无法停下前行的脚步，所以我停不下脚步。

克：我从来不说，"停下来！"我只说，"你知道这个问题的逻辑吗？你真正明白这其中的道理？你知道这台机器所带来的麻烦吗？"

提问者 2：但我知道这种势头能给我带来满足感。

克：一种摆脱麻烦的满足感吗？那你可真是有自虐倾向。你享受麻烦，享受麻烦给你带来的痛苦？

卡：我唯一能看到的是这台机器。

克：你的意思是说机器仍然伴随着你?

卡：是的。

克：为什么? 从昨天到今天，关于这个问题翻来覆去的解释和讨论，你还是这么想的? 我就这么跟你说吧，好比你教一个男孩数学，一遍一遍，一遍一遍地重复，直到他开始重复你教给他的，一遍一遍地重复。你是怎么想的? 你还和那台机器在一起? 我问你一个非常简单的问题：这台机器已经没有了、终结了、蒸发了、被吹散成碎片了吗? 你是不是想说，我必须问你，你才能好好地去想这个问题?

阿弛：不, 我没有想这个问题。

克：噢, 不。你在想"我明白了吗, 还是不明白呢?"

阿弛：不, 我没有这样想。

克：那你是什么态度呢?

阿弛：还在观察它。

克：都已经两天了, 还在观察中?

阿弛：不, 每时每刻我都在观察。

克：先生, 现在这个时候我想问你的是, "这几天有关这台问题制造机的所有阐述、关于它的存在的原因和内在逻辑, 你是否认真地在听? 如果你听明白了, 你才能摆脱它的束缚, 它就不会伴随着你, 知道吗?"

施：理性观察并不会让你摆脱任何事情的束缚。

克：好吧，那你是否看清了事实？看到事实的真相，真相知道吗？

施：是的，是一种感觉。

克：不，不是感觉。真相就是，事实是世界上最危险的东西，就像危险药品一样。除非你是想自杀，否则你是不会去碰那危险药品的。可如果真的是另外一种情况呢，那就请君自便了。不过话又说回来，如果一个人不想自杀，那他肯定不会吃毒药的。

施：可是，即便看清了这台机器的存在原因和内在逻辑，也不能保证你就不会铤而走险。

克：我知道，我知道。你有点偏题了，我想把你拉回正题。那台机器是人生活中最危险的东西，这是事实。你是否将其看作危险，最终它会停止运转？

阿弛：先生，我们什么时候才能说机器完完全全地停止了？我们怎样才能下这种结论呢？这背后蕴含着什么样的思想呢？确切地说不是思想，一个人何以感知到这台机器已走到了生命的终点？

克：当你不再被机器干扰的时候，当我把某件事就看作一个单纯的事实，而不是问题的时候，那台机器就不复存在了。

阿弛：这种情况下，就能断定机器已经终结了。

克：不是。

阿弛：快要终结了。

克：噢，不是快要。[笑声]

阿弛：那什么时候才能这么说呢？

克：我会向你解释的。当我们只去面对人生活中的事实，结果会如何呢？结果就什么问题都没有了。哦天哪，这是怎么回事呢？我肚子疼，这是事实。我不会到处乱跑，会问究竟是什么原因导致肚子疼呢？哦，原来是吃的东西有问题，所以无论如何，我下次再也不吃了。但是那有问题的食物还是挺好吃的，我吃起来还是很开心的。所以就算肚子疼我还是吃了。你们呢？现在是怎样想的？[长久地停顿]

请各位注意，如果那台机器被摧毁得一塌糊涂，你的思维会发生什么变化？快告诉我，你的思维会有怎样的转变？实事求是地说，不要虚构。你那已经模式化的思维会发生怎样的改变呢？当你打碎机器、抛掉一切的时候，你的思维会有什么变化？确切地说，是你的思维的那个地方——与事实无关的那个地方——有什么变化呢？

施：在它真正发生之前，可以解释的就是思维变得更理智了。

克：你是不是还在怀疑思维是否真的会变化，是不是认为机器不会消失？

施：我猜测是……

克：不要去猜！

施：只有那种情况真正出现时我才能讲得出一二三来。

克：我只想问你一个非常简单的问题：当你经年累月地背着一个沉重的包袱，突然有一天，你意识到这是毫无意义的一个包袱，你就把它扔了。你会变得怎么样？你的思想会有什么变化？

提问者 1：思想变得自由了，轻松了。

克：思想更轻松了吗？

施：绝对轻松了很多。

克：所以说嘛，你已经把那台机器丢掉，然后它就不再运转了吗？你的思维会因此有怎样的变化呢？我背着一个很重的包袱，突然意识到这一点了，我就会问"我背着这玩意儿是为了什么？"然后我检查一下包袱里的东西，发现很多都是垃圾，就是这些没用的东西，说白了就是那台机器，让我背了好多年。我就不由得感慨，"噢上帝啊！我为什么要这样做？"然后就把它丢了，对吗？接着，我的思想会有怎样的变化呢？我的思想经历了一个巨变，从而做到能够直面事实。我打破了某些东西，就像打破一个壶罐之类的容器一样，再也盛不了水了。事情已经有了变化，思想里不再有麻烦制造机的存在，我就能够去客观面对事实了。我再也不会抱着过去的那种心态去看待事实了，一切都截然不同。

现在我就这一点继续说下去，只要你们认真听了，就会认同我的观点，在未来的日子里，日复一日地坚持这种思维模式。你们会怎么做？不要搬些理论，就实事求是地说，你们会怎么做？不要说："'我'是谁，该怎么做。"你会怎么做？[长久地停顿]

先生，你已经放弃了自己的工作，你已经赚了很多钱。但是你仍然背着那台机器，重点是什么？我的重点是你心里面的那台问题制造机，而不是你在瑞希山谷学校的工作。你已经放弃了国家行政服务部的工作，那你现在在做什么？我们务必要搞清楚一点，你是去班加罗尔或瑞希山谷的学校里工作，这是无法阻挡的，是你自愿选择的，但是你为什么要背着一个沉重的包袱？如果你仍然背负着过去的负担，你就无法培养出优秀的人才，你大多数时候就是沉寂。

拉贾斯：我一直都在很认真地听您讲。

克：听出我讲的重点是什么了吗？

拉贾斯：我不光是在听。

克：不光在听，你的脑子里已经丢掉了那台机器？

拉贾斯：我不知道您说的蒸发了是什么意思。我真的不知道这台机器是否"蒸发"了。

克：当一枚原子弹炸到某物，它就不复存在了。一切都烟消云散，甚至连块残骸都找不到。现在我想问你们的是，"那台机器已经化作一缕蒸汽消散了？它是否已经终结，散落成一堆碎片，找都找不到了？"

提问者2：您举的例子都非常具体形象，比如原子弹、眼镜蛇和太阳东升西落等等。可是人的思维是完全不同于这些具体事物的，它是一种抽象的东西，我发现自己无能为力。

克：我谈的不是你的思维。你有没有发现这台机器实际上是一个非常危险的事物？机器不是你的思想，好好想一想。

提问者2：但在这里它变得抽象了。

克：不，它不是一种抽象的概念。我有一个问题，这个问题是关于我是否要娶这个人或那个人，或者其他类似的问题。现在我认为这是一个事实，当我想要娶那个女孩但她不愿意嫁给我的时，这恰好就是一个无可争议的事实，对吧？说说你自己对这个问题的看法。

提问者2：无论怎么看，这个问题似乎都不是一个完整的问题：当我说我想娶一个不愿嫁给我的女孩时，我并不是百分之百地确定这种想法。

克：所以，这个问题对你而言就不是既定事实。那么什么才是属于你的事实呢？不妨告诉我。为什么你要把这个问题弄得如此抽象呢？

提问者2：因为从某种程度上讲，它不是真实的存在，理解这种抽象概念是很困难的。

克：你现在很饿，是吗？

提问者2：是的。

克：饥饿是事实，同时你也有嫉妒心，这也是事实，对吧?

提问者 2: 是的。

克: 那你会把嫉妒这种东西抽象化吗? 它就在你脑子里, 你拿自己与其他人作比较, 你就心怀嫉妒。这是我们一直在谈的话题, 它不是一个抽象概念。什么叫抽象? 抽象的意思是从事实中提炼、总结得出一个结论, 或者说在对事实理论化, 在事实基础上创造出一种概念。从 A 中提炼出某些东西然后做成 B。比如从水果中"提炼"做出果汁, 对吗?

施: 抽象纯粹是智力的产物, 而嫉妒心等都只是感觉。

克: 是的。当你说"抽象概念困扰着我"的时候, 我就会审视"抽象"这个词, 它的含义是提炼、拿走、离去。每个人都有嫉妒心, 这是事实, 可你为什么要把它抽象化? 它是一个事实, 而你为什么要把这上升为一种概念, 说这实际上不是事实? 我所理解的抽象就是赋予某个事实一种概念。除非我是误读了你的意思, 我不明白你说的"抽象"指的是什么。

拉贾斯: 也是一种观念, 就像某种想法或嫉妒心一样, 都是一种观念, 一种事实。

克: 不是。

拉贾斯: 那是问题的症结所在。

克: 天哪!

普: 你谈到嫉妒, 把它当作一个问题, 那台机器就在这个基础上开始运转起来。

克：机器制造问题。

普：机器本身也是问题。

克：那是当然。

普：当你把机器和问题分开来看时，你就错了，错在前提条件上。观察那台机器的运转过程，其实就是观察问题变化发展的过程。可问题是，你是否观察到了这一运转的特征？这个过程中没有任何提炼的环节，你观察的就是它本来的样子。

拉贾斯：您认为构建思想是一种现实吗？

克：当然不是，希腊语中的"思想"一词的含义是"看和观察"。这说明我们还没真正弄明白，不是吗？

马德拉斯

1983 年 1 月 8 日

7. 心理进化是一种幻想

什么是宗教之心？/信仰在宗教生活中有多重要？/你为什么会相信未来的人生、相信原则、相信理想？/倾注许多时光却从未臻于至善。/宗教之心没有奖赏和惩罚，它有未来吗？/世上并不存在一种生物学范畴之外的进化论。/宗教之心没有进化这一说/好与坏没有任何关系。/我们不仅要帮助学生去聆听教诲，最重要的是要他们学会观察。

克：我们继续昨天的讨论吗？还是诸位觉得这个话题十分乏味？我们今天是否要从另一个角度切入？你们认为什么是宗教之心？我们在布洛克伍德学校讨论过这个问题。我不知道我们得出了什么结论，或者并没有形成一个结论，但我们现在也许可以重新思考一下，诸位认为什么是宗教之心？从深层意义上讲，宗教带来的是一种新的文明、一种新的文化——就像佛教、基督教和伊斯兰教一样。虽然它们都互相对立，但是无一例外地以各自的方式、在教诲的感召中、在通往天堂的路上带给世人不同的文化。这种文化是——在这里请允许我用一个我自己也不太喜欢的词——精神类的产物，同时也是艺术、文学、绘画、雕塑和音乐，它还可以是格列高利圣咏（我个人非常喜欢希伯来和印度教的吟诵）。看到这一切后，我感觉一定要有宗教之心，这是一种普世的宗教之心，不仅仅局限于基督教、印度教、佛教和伊斯兰教。那么大家认为什么才是宗教之心？这算是个无关的问题吗？大多数的年轻一代不相信以宗教之名的传播的任何荒谬言行——比如宗教礼拜、仪式、清晨礼拜和神灵膜拜等等。基本上全世界的人都已对这样的行为不屑一顾，我们说不定也是这样。但是人们从古代就渴求某些超越之物。所以你们认为什么是宗教之心？

桑：从历史和意识形态上讲，宗教总是被作为人与未知事物联系的纽带。宗教的历史就是一部研究人如何与未知世界建立联系的历史，形形色色的宗教组织就充分说明了这一点。宗教真正是一种探索未知、与未知世界建立联系的形式。

克：努力与未知世界建立一种联系、一种交流和一种关系，这就是宗教之心吗？

桑：我认为这些只是宗教之心的一部分，我们要去发现宗教之心。

克：去发现宗教之心？

拉德希卡：宗教之心的另一部分是先去发现这种联系，

然后以此为基础去塑造我们的人生。

克：这就算宗教之心了？

桑："没有自我"曾被看作是一种品质。

克：是的。"没有自我"是一种未知的概念，为了与未知世界建立一种联系和关系，一个人一定要放下"自我"等等因素。这属于宗教范畴吗？

拉贾斯：发现事物的精髓也是宗教的一部分。

克：你说的"精髓"这个词是什么意思？

拉贾斯：人们深谙什么是表象，什么是实质，这是一对不可调和的矛盾，所以迫切需要寻找一些实实在在的东西。我感到宗教之心对这个问题研究得比较深入。

克：深入地研究事物的精髓，那有什么作用呢？

桑：你是不是说宗教之心的作用是要探究表象和现实的本质？

拉贾斯：是的。表象和现实。希望能有一种超越那些种种表象的精髓出现。

克：你说的"表象"是什么意思？是"表现出来"的意思吗？

施：是幻想和现实。

克：现在"幻想"这个词的根本含义是"游戏"。我相信在梵文中也是这个意思。现在我想知道你说的 illusion 是什么意思？

拉贾斯：就是相信某些东西会成真。

克：那么你就进入到一个完全由信仰构成的世界里。

拉贾斯：是的，但信仰只是人生的一部分而已。

克：是吗？你认为信仰是人生的一部分。你为什么会有各种信仰？信仰在你生命里是什么地位？信仰在你的日常生活中处于什么地位？太阳每天升起落下，这是真真切切的，显而易见的。你能感觉到太阳的东升西落，不是你相信不相信的问题，这就是事实。这就像世上有男人也有女人，你个子高而我个子矮一样，都是不争的事实。所以当你谈论事实、谈论信仰的时候，信仰在你心里是什么位置？

拉德希卡：信仰正是以事实为根据，才能够让我们在某种程度上可以预测未来。

克：信仰能够让我们预测未来，真的吗？我想知道为什么每个年龄段的人都会有自己的信仰。相信上帝、相信轮回、相信未来一片光明、相信印度是世界上最伟大的国家、还相信上帝知道所有其他的事情，对吗？所以我会问自己，并且我也希望你们问问自己，"我们究竟为什么需要信仰？"这是希望的一种表现形式吗？

桑：人们一直都在谈什么是宗教之心，可我还没进入那种状态，我想进入那种状态，所以这时候心里就升起了一种信仰。

克：当然。许多人都谈过宗教之心这个话题吗？

桑：至少佛陀谈论过了，《奥义书》中的先知们也谈论过宗教之心。

克：那么让我们回到主题，一起来探究什么是宗教之心。我们并没有把它变成问题，对吧？

阿弛：我认为一个人无论在哪个年龄段，只要摆脱了环境的束缚，就要直面"究竟什么是宗教之心"这个问题。

克：是的，先生。

阿弛：他面临的是"什么是宗教之心"这个问题。

克：是的，我们问的是同样的问题。我们一直都在问，什么是宗教之心？你提出，信仰是构成宗教之心的主要因素之一。既然有人已经提出了这个观点，我就相信，当美国的克氏基金会要求拥有一个慈善性质的宗教组织的地位时，人们就会问道，"你们相信上帝吗？"那些要求身份或地位的人就回答"我们基本不信"等等之类的。他们会说自己不是宗教者，于是那些虔信宗教的人就会说"看哪，佛教里不信上帝！"还有人会说"我们对佛教一无所知，而你也无法真正了解它。"所以，信仰真的是宗教之心的一部分吗？

拉贾斯：您现在就提这个问题不是太早了吗？

克：噢好吧，那我该啥时候提出来呢？［笑声］

拉贾斯：从我个人来看，我发现当心中有了一种信仰，我却浑然不觉，它内化为思维的一部分。当信仰降临时，我甚至都不会称其为"信仰"。信仰真真实实存在于每一个人的心中。不同的信仰之间发生碰撞,信仰让人痛苦,这就是我对它的理解。

克:孩子,你把信仰说得太复杂了。

拉贾斯:您为什么觉得复杂呢?

桑:你说的是与宗教之心相关的信仰还是一般意义上的信仰?

拉贾斯:一般意义上的信仰。

克:先生,我相信今天下午我会去看望某个人。我相信我会遇见他。你们看,我本人不相信任何主义,所以我不能对"信仰"做任何评论。所以要你们来讨论这个问题吧。

拉贾斯:我有一个弟弟,他相信如果有很多钱就会很快乐。

克:所言极是。

拉贾斯:也有人相信如果完全领会了克的言论就会很快乐。

克:对。

拉贾斯:所以说信仰的产生是基于不同的背景。

克:不错,我认为我有钱了就会快乐——你为什么认为这是一种信仰呢?

桑:这是一种希望。

克:希望,这个词我说过。

拉贾斯:是希望,希望中孕育着未来。

克：是的。希望就是未来，无需赘言。所以我希望，通过积极思考和努力工作，我就能变成一个有钱人。信仰在希望中有多重的分量？

拉贾斯：信仰是希望，希望即信仰。

克：不。希望就是信仰吗？我不知道，你有点咬文嚼字。

拉贾斯：不，克里希那穆提，我们来讨论一下这个问题吧。

克：继续说，我没想打断你。

拉贾斯：我们也都知道，除了希望之外，还应该有其他的东西。一个人并不只有一个希望，他聆听克里希那穆提的教诲，也会听听其他人与之完全相悖的言论，称克的言论里没有快乐幸福。

克：是的。

拉贾斯：那么他就会问了，什么才是真的？

克：你说的"什么是真的？"是什么意思？

拉贾斯：一个人该相信什么？——是 A 还是 B？

克：我在问你问题呢。

拉贾斯：先生，您是在问我，可我的大脑还运转着呢。

克：你说的"大脑还在运转"是什么意思？我希望变得有钱，希望变得快乐，希望能达到涅槃，我还希望能到达另一种境界，希望遇见一个爱我的人；希望有人教我如何去思考，等等。"希望"这个词孕育着未来。你觉得希望和信仰是同义词吗？是的，在这种语境下它们意思相同。现在我想问其他的问题：我们为什么要相信上帝？你为什么相信未来？为什么相信原则和理念，不管是亚里士多德的还是其他人的，或是你追随的古鲁的思想理念？你为什么会相信这一切？相信古鲁，并把所有的钱财和一切都奉献给他？

提问者1：因为我想成为他那样的人。

克：是的，那意味着什么？你为什么相信未来？这是一个真正重要的问题，深入思考一下。

拉贾斯：我要问自己：我为什么相信这一切？这是你提出的问题。

克：那就是我要问你的问题，先生。

拉贾斯：这个问题很难回答。

克：我在问你呢。

拉贾斯：我知道您在问我，可我要说说自己的看法。你提出了这么一个问题后，我就发现整个脑子里全是信仰的东西，时间的观念早已根深蒂固。所以这个问题本身就非常难回答。

克：不，不。你有什么信仰，不是什么各门各派的思想，而是建立在希望基础上的信仰。

拉贾斯：是的，我有。

克：是的，你心怀希望。这意味着什么？比如，你希望创办一所学校。

拉贾斯：是的。

克：你希望创造出各种各样的……你说"希望"这个词是什么意思？希望，难道不是孕育着未来吗？你有一个未来，它是始于当下的一段距离。我希望能创办一所非凡的、独一无二的学校，学校里的孩子都非常优秀。尽管目前尚未达成，但我希望某一天能够达成我的心愿，它在未来能够实现。这需要一段时间和一定的空间才能实现，对吗？

拉贾斯：如果您愿意，我希望我们不再讨论关于学校的这种特殊希望。我感觉最好是讨论一下我们在座的各位心中最深切的希望，那就是：我认同克里希那穆提关于希望的所有言论，尽管目前还不能完全领会，但未来总有一天……

克：我愿意。

拉贾斯：我会完全地领会他所说的。

克：是的，这也是一种希望。

拉贾斯：是的，我们来谈谈这种希望吧。对我来说，它更加真实。

克：先等一下，先生。你说的希望和作为一所学校的希望完全是一样的，难道不是吗？我现在不能领会，但我希望将来能弄明白。这所学校现在还不够好，但我们希望将来把它建成一所很好的学校。总而言之，你在当前的情况下立下一个目标或愿望，希望有一天能实现。这中间总是需要一段时间的。

拉贾斯：您说的对。

克：那就好好想一想，我不能说自己对或错。因为这里有一个过程：从这里到那里需要一段时间。在这个时间段里，会有其他因素介入，比如意外事故、压力、各种让人分心的事情、得出各种结论，等等。总之，在未来的希望达成之前，任何事情都可能发生，这样你就永远也到达不了终点。仅依靠把从现在到未来的一段时间安排好，是不可能达成美好愿望的。我想说的就是这些。

桑：那我们能不能很快地实现美好愿望？

克：不，不可能。你看，这个问题不对。比如说，我必须从这里出发到火车站或机场，这中间可能会遭遇车祸，车子可能会抛锚、会爆胎，或者有人让我停车等各种情况。如果说现在和未来之间隔着某种空间距离的话，那就是希望，而这中间总会有各种各样的因素去干扰、加速或减缓实现希望的进程。所以说希望不一定能马上实现。我首先认为，有希望的地方就有理想，就会有原则，有我为之奋斗的目标，但同时也会有数不清的影响力和压力，使我们前行的脚步变得缓慢。我的精力就是这样消耗掉的。所以我自问，为什么要有希望？伟大的意大利诗人但丁说过，"走进这里的人，放弃一切希望吧。""这里"指的是地狱。我们所说的"希望"当然不是他诗句里的希望，并不是说放弃了希望就只剩绝望，我的重点不在这里。那我们来深入探讨一下吧。人为什么会有希望？我希望我的儿子能成为一个伟人，希望他能成为印度总理，希望他能成为一个有钱人等等。我为什么会有希望？希望这个东西在我们父子关系中有多重要的位置？快来和我探讨一下这个问题。

卡：在当前语境下，希望等同于理想。

克：是的，理想，他说过这话。

卡：您竟然会问我们为什么要有理想。

克：不，首先我想知道我们为什么要心存希望，因为一个人受某种动力、希望或未来的激励，就会去创造一个理想、一种原则、一个目标之类的东西。

桑：我一定要问这么一个问题：没有未来意识的生活，是什么样的？

克：你要亲自去找到这个问题的答案，而不是来问我。我们能谈论这个话题吗？真的，是否该好好地想一想，为什么我们要创造一个未来？我希望未来有一天能变得富有，只因我现在很穷，所以努力工作，付出一切，只为变得富有；我希望会说法语，所以我想尽一切办法研究和学习法语；我希望成为一个好木匠等等，这些例子不一而足。我理解那种想要说一口标准法语、英语或其他语言的愿望，为此我不得不去研究这门语言，花上好几个月的时间去学习；我也知道，一个非常厉害的工匠不是一天练成的，这需要花很多时间；我还知道，要掌握大量天体物理的知识，你才能进入这个领域。这样的例子还有很多。现在我想问大家，为什么我们还有其他的希望呢？

E. W. 阿德希卡拉姆：是不是因为你有自己的喜好，无论这种喜好多么虚无缥缈，你也想去追求它？

克：是的，这意味着什么呢？奖赏与惩罚。

E. W. 阿德希卡拉姆：是的。

克：那是一种宗教之心吗？人们在老鼠身上做赏罚实验，发现奖励老鼠时，它们是一种表现，而惩罚它们时又是另一种表现。那么宗教之心和奖赏或惩罚有关吗？你对此没有任何质疑。

提问者2：希望还包含着欲望，想要拥有更多的欲望。

克：当然，当然，想要拥有更多更好的东西。希望就是一种从现在到未来的运动变化，它有不同的表现形式。

提问者2：我们也想要一种持久性。

克：没错，这是一回事。那你对此是怎么想的？这世界上的大多数人都抱有很大很大的希望，这种希望存在于精神世界而不是现实世界，这种希望让人感觉明天或十年之内一定要达成某件事。我不由得自问"宗教之心就是这样形成的吗？"总有一天，我会抵达涅槃之境，到达天堂，与上帝同在。倘若我如苦行僧一般生活，清心寡欲，遁世脱俗，只为到达涅槃之境，这算不算一种宗教心？我放弃一切财富，立志修行，只为得到基督、罗摩和悉多等人的救赎，这算不算一种宗教之心？

施：当你有了希望，你就会延伸。

克：不要一开始就是谴责，先全面地看一看这个问题。孩子，别一开始就下结论，否则所有的调查就此终止。你现在就有这个倾向。

施：当你希望未来有一天能达到涅槃之境，你就是在延伸。

克：延伸什么？

施：延伸你的理想，你希望某一天达到至臻之境的理想。

克：你并没有延伸。

施：我的意思是，你想要继续做你正在做的事，但同时你想要顺其自然地继续下去。

克：是的，基本上是对的。那么这是一种宗教之心吗？

拉贾斯：人们很轻易地就能把您举的各种例子抛诸脑后。

克：你也能随意举例。

拉贾斯：当你已经抛掉了所有那些东西……

克：把它们都抛掉了吗？

拉贾斯：是的，我抛掉了我们谈论的所有东西。

克：不，不。关于我们的讨论和调查，呃，在你的调查还没开始时，你就把所有的都抛掉了?

拉贾斯: 是的,都抛掉了。

克: 等等，先生，不是你抛弃了调查，而是把调查现场都清理了。

拉贾斯: 是的。

克: 噢，不，别这么快就承认了，先好好想一想啊。

拉贾斯: 只有把很多东西抛掉,调查的过程才会迸发出灵感。

克: 你确定都丢掉了?

拉贾斯: 精华部分没有丢掉。

克: 不，先生，这不是说说玩的游戏。刚才我们说的宗教之心无意于赏罚，所以我们会问，宗教之心是受制于赏与罚吗? 我看到你在摇头，那你本人是不是受这种赏与罚意识的影响?

桑: 我刚才一直想说，这种宗教之心的本质是去发现赏与罚的过程，但是它始于对这一过程的意识觉醒。要我说就是宗教之心与赏罚同时存在。

克: 等等，等等。"开始"这个概念……

拉贾斯: 先生,这个过程中已经有一个开始了。

克: 好吧，按照你说的来。

桑: 我们来听听他说的吧。他说，正是因为用了"开始"这个词,我们就去限制或去创造一种行动。

克：不，当你说"我要开始学习木工了"，这个"开始"是一种要去实现某种目标的行动。

桑：我明白，我一下子就看清楚了。

克：噢，不。你没有看清楚，我也没有。

桑：但是这里的开始并不像一种行动，这种意识的觉醒一定是从某一点开始的，不是吗？难在哪里呢，先生？

克：宗教之心有开始和结束吗？

桑：我们从之前的那个问题开始吧，您问道，"宗教之心是从赏与罚的角度去发挥作用的吗？"

克：是的，那是我一直在问的。

桑：我说不是。但是一旦你意识到了这个过程，宗教品质就开始进入到了你的头脑中。

克：没有。

桑：没有吗？

克：没有。

桑：意识在这个过程中有多重要？如果你说我在这个过程中投入了时间，那我觉得就没办法谈下去了。我想问您是从哪里开始思考的？没有结果就不开始了吗？

克：我正要回答你呢，先生。你是怎么想的？

拉贾斯：我知道你想说的，我们还有时间去谈论过程和开始。

桑：别弄得这么抽象，说具体点，你究竟会怎么做？

克：继续，你怎么想的？

瑞：当事情有了一个开始，就意味着需要时间去做了。

克：但是她说，"不，这跟时间没关系"，她说你必须从某一个地方开始做。

瑞：这对于我们大多数人来说是很现实的。

克：这就是你一直努力想表达的意思吗？

桑：我希望他们都这么看。

瑞：是的，对我们大多数人来说，现实就是：只要有了一个开始，意识的觉醒就有了意义。

克：是的，道理就是这样，我必须做饭，要把火点旺，总得有一个开始，就是要先去厨房，把这些事情都做了。

瑞：但是这与我们所谈的是两码事。

克：那就是我想彻底弄明白、彻底搞清楚的一点。她说——我这里并非批评她意思——一定要有一个开始。

桑：人一旦开始质疑，就意味着有一个开始了。开始质疑思维的本质，这种想法本身就是一个开始，您也许会反对"开始"这个词。

克：不，你完全拘泥于这个词，你是在咬文嚼字。我明白你所说的，就是说我"开始"理解你说的话了。这种理解在此之前是不存在的，但是我现在"开始"理解了。那就是你想要表达的意思，对吗？继续，深入下去。

基：意思是说我们慢慢地花时间去理解某件事。

克：她并不是那个意思。她说，"我开始意识到赏与罚并非宗教之心"，我已经开始认识到这一点了。

桑：我要修正一下。

克：修正一下？［笑声］好吧，我来提交这一修正案。

桑：我感觉赏与罚并非宗教之心，这一点我看得很清楚。

克：先等等。你听到她说的了吗？——"我发现当一个人存在赏与罚的意识时，这种意识不能算作宗教之心。"对吗？

桑：对。

克：当我们开始去看……

桑：不。我们已经有了这种觉察力，当一个人有了这种觉察之后，他的宗教之心就开始萌芽了。我感觉宗教之心有相当的深度，我可能错了，现在心里有一个想法。

克：停停停，不要扯得太远。

桑：我为什么要用"开始"这个词呢？我似乎有这么一种感觉：应该有某种比宗教之心更重要的东西待我们去探究，可这就是宗教之心的开始。

拉贾斯：如果有人说……

克：就你来说。

拉贾斯：好的，我说。有人说，呃，我听有人说……

克：可别让那个人给你背黑锅。［笑声］

拉贾斯：有人说，善恶报应并不是宗教之心。那问题自然而然就来了：您的这种观点是站在什么样的层面上说的？您所说的该有多深奥呢？

克：看，孩子，你把问题搞得多复杂啊。为什么不能简单点呢？

拉贾斯：先生，您和我都看到了事实。

克：不。

拉贾斯：您从一个深入的角度去看……

克：不，我没有。

拉贾斯：希望您别介意，我想澄清一点是……

克：你看，你根本就没有看清楚。继续。

拉贾斯：先生，你开始表达的一个观点是赏与罚并不……

克：并不存在……

拉贾斯：……并不存在于宗教之心中。

克：并不存在。

拉贾斯：您动摇了。

克：不，不，注意，注意我说的。

拉贾斯：您是要换一种角度来看这个问题吗？

克：我说的是，宗教之心没有赏与罚之说，根本就不会朝这个方向发展。

拉贾斯：现在我听着这种说法，感觉真相转了一圈又回来了。

克：孩子，你花费了太多时间在这上面啊。

拉贾斯：是的，但是我们愿意这样。

克：可别这样。还是简单点好。我鞋子硌脚，赶紧把它给脱了。［笑声］我可不想费劲去说谁做的这鞋，为什么他把鞋做得……而你一直在牢骚这些。想简单一点，从一开始——不是从开始——就现在把问题看得简单一点。你怎么想的呢？我现在又要回到这个问题上了。

施：假设我自认为我已"开始"明白奖和惩是什么一回事了，就是说如果我完完全全地看清楚这一点，我就没有"开始"这一说了。我要么看得清清楚楚，要么就……

桑：不，我要解释一下我的看法。当思维转移到赏与罚这方面时，它不是一种宗教之心。这很清楚，我不会浪费时间去研究它的。可我对克表达的意思是，赏与罚本身就是一种宗教之心。现在我发现一个事实：自从提出了"开始"这个词之后，我就给宗教之心的特质带来了一种衡量标准，所以我又回到了"开始"这个词上。当我用"开始"这个词的时候……

克：噢，用了这个词。

桑：如果我用了这个词，我就会带来一种衡量标准。这是我发现的。

克：因而就要弃用这个词。

桑：尽管放弃了这个词，还是有一些其他的词，比如动摇。这时候你该怎么办呢？人们已经发现了一个事实：赏与罚并不等于宗教之心，那接下来该怎么办呢？

克：这算是一种观念吗？某个人下一个定论：宗教之心的意识和思想中没有赏罚一说，换一种说法，一个有宗教信仰的人无所谓赏与罚，他根本就不会朝那个方向去想。我也一直重复同样的观点，你说的是，"当我看清了这个问题时，我已经进步了……"。我认为你们一直在重复同样的论调，不过是换种表述罢了。

桑：我一直在听您说的，我想知道我们现在到了什么阶段。

克：我不知道我说到了哪个阶段，但我就是用这种方式让大家认真去听的。当我看清了某件事情的真相，我就知道一切开始了。

桑：说得很对。

克：呃不，不完全正确。你思想里有没有赏罚意识？你有没有感觉必须要有这种思想？

桑：严格上说不算赏罚意识，只是一种欲望的追求。

克：我只是一个普通人。你告诉我，宗教之心没有赏罚一说。我无法理解这样一种思想，一种让我很吃惊的言论。我很快就看到了这种言论的真实，于是我等待着，我不会说，"我一定要开始思索，一定要觉察，谁能有这种觉察力？"我认为你的这番言论很了不起。我这一生都在奖赏与惩罚中度过，它是我生命的养分，而你有一天走过来告诉我说，宗教之心里不包含这种特质。我很快就明白了：没有开始，就这样了。

桑：有了这样的觉察之后，您还会说那是一种宗教之心吗？

克：这只是宗教之心中很小的一部分。

桑：那正是我想说的。

克：噢，不，不。

施：您为什么说只是很小的一部分呢？

克：你想用这个问题困住我，所以我拒绝回答。

施：你为什么说它是很小的一部分？这么说我俩就没有区别了。

克：我想把一切都扔出去，我的上帝啊！［笑声］

施：如果你说这只是很小的一部分的话……

克：哦不，我收回我说的，别再老调重弹好吗。

拉贾斯：您问过一个问题：赏与罚是一种思想吗？我认为我们已经很深入地研究了这个问题。

克：这倒是个真正的问题。

拉贾斯：这是个真正的问题。当您问"这是一种思想吗？"您是什么意思呢？

克：我来告诉你。你跟我说有赏罚意识的思维不是真正的宗教之心，又或者说你认为宗教之心没有赏罚一说。现在我听到你这么说了，就从事实中提炼出一种思想，一种结论。同时我会想，"我该如何去实现这种思想呢？一定要从某个地方开始"。所以，精炼后的事实是一种理想。

卡：当一个事实转变成了一种理想，人就开始尽力弄清楚思维是如何朝着赏罚意识的方向发展的。

克：是的。

卡：大脑在努力抵制着粗俗恶劣事物的同时，发现精细微妙的事物正在慢慢侵入。

克：没错，先生。我想问你，为什么要回避事实？当你回避事实，事实就变成了一种抽象概念、一种思想、一种信仰等之类的东西。不要轻易接受我所说的话，而是要去观察、去审视事实。我的思维中有赏罚意识吗？这不只是表面看上去那么简单的一个问题，它隐藏了很多种可能。一个人可能自己都如坠云雾，所以就永远也得不出结论，说出"是的，我明白了"这样的话，所以我们换一换脑子。

拉贾斯：如果一种思维中真的包含赏罚意识，那么这种思维与我们所提的问题有什么关系呢？

克：没什么关系，或者你直接可以说它"没意义"。

拉贾斯：不，我不会说"没意义"这样的话。

克：如果我的思维一直揪着赏罚意识不放，据此提出一些标新立异的看法，我要么就全盘否认你，要么就开始认识到赏与罚没有任何意义。我要做的就是去质疑、去发问。我不会驳斥你所说的，我会问，这其中有什么真理？我观察狗的行为、鸽子的动作，我也观察人在遇到有赏有罚时的表现——受惩罚时会害怕，这是自然现象。我已经看透了这现象的本质：从最微小的昆虫到最伟大的科学家，现象都是一样的。我也许已经是个了不起的科学家，但是我还想得诺贝尔奖。先生，你，没有正视这个问题，而所有的宗教都依赖于此。

拉贾斯：你发现思维……

克：你不要把所有的事情都包括进去，别从思维的角度分析，首先去观察这整个现象。

卡：假设有人告诉我，说赏与罚在宗教之心中没有任何作用，我并不反对这种说法，而且我会开始去检验这一点，这是很花时间的。

克：不用调查。要么你就马上明白这个道理，然后一切画上句号，要么你就对自己说，"上帝啊，我一定要花些时间去检验这个问题"，而这样就意味着你永远都得不到答案。

提问者 2：我们之所以要去掩饰事实真相，原因之一在于，我们似乎都忙着去寻找除了赏罚之外，还有哪些东西与宗教之心相关。

克：我正在慢慢地寻找，这要一步一步来。我不知道什么算是宗教之心，但是我非常清楚的一点是，我发现了赏与罚在宗教之心中没有任何作用这一事实，而这对我而言是铁板钉钉的事实。当然这是我个人的看法。所以我会问你们，"什么是宗教之心？"它是一种信仰、一种原则、一个目标、一种理想，还是一个理想的天堂？信仰在宗教之心中有一席之地吗？原则、结论或是一个完美的人，一个理想的天堂等等，这些在宗教之心中有地位吗？

施：没有。

克：你有信仰吗？你是个有原则的人吗？先不要那么快回答我。

施：我的意思是有信仰的思维不能算是纯粹的宗教之心。

克：那你有信仰吗？

施：我不知道。

克：你看你迟疑了吧。你有信仰吗？这里的"信仰"是"我相信上帝，我相信人会上天堂，我相信我会得到拯救，我相信会有局外者来帮助我"这种话里面的意思，还有"我相信精神病医生的话"、"我相信我的妻子"之类的。当你说"我相信我的妻子"时，你就已经树立起了一种忠贞的观念。当我说，"我相信我的妻子"，那我就是在说"我相信她而不相信你"。

桑：没人会说"我对我的妻子有一种信仰"这样的话吧。

[笑声]

克：所以说我会有信仰、有理想吗？继续思考，先生们，你们有信仰和理想吗？

桑：是要什么样的观念？哪一类信仰？是与宗教之心相关的那一种信仰吗？

克：信仰，就是我相信发电机工作了。

桑：发电机要么是工作状态，要么就是停止状态。

克：呃，不是这样的。你不要把问题扩大化，这是我要干的事［笑声］。我相信发电机会工作，我相信车会开动。我相信太阳总会升起，或者我从不相信太阳会升起。我相信上帝的存在，我相信会有一个外部机构。我相信会有人从内在帮助我，给我精神上的引导。我相信我已经获得了某种高深的体验，我相信我已经抓住了真理的一角。这世上有许许多多的信仰，不是吗？你自己呢？你不相信有纽约这座城市，可纽约就在那里。你也不相信莫斯科。所以说信仰到底是什么，有什么作用呢？你究竟为什么要去信仰？你有信仰吗？

拉贾斯：我回答不了那个问题。

克：你不敢回答。那你相信什么吗？

拉贾斯：我相信自己一定会去搞清楚为什么会有信仰的存在。

克：最后一个小时，我再问问你，你说的你"会去搞清楚"是什么意思？

拉贾斯：我会去观察。当我离开这个会场后，我就去观察。

克：那现在呢？

拉贾斯：那我该怎么回答呢，现在可能回答得出来吗？

克：当然回答得了。

拉贾斯：我真的不知道如何回答这个问题。

克：先等一等，你曾经生过气吗？

拉贾斯：是的，生过气。

克：真的？现在，你相信吗？别说什么"我一定要想出一个解决办法，一定要深思熟虑把问题弄清楚"之类的话，这是很明显的嘛。正如你所说的，你心里有气。

拉贾斯：我原来相信过。

克：那你现在还相信吗？噢天哪！〔笑声〕我可不想欺负你啊。

拉贾斯：我真的不知道如何回答您这个问题。

施：对你而言，坐在这里说着"我不相信"这种话，是不是特别简单？

克：是的，先生。你们啊，都把问题弄得太复杂了。好吧，接下来呢？没有赏与罚，也没有信仰，支撑和引导我走下去的是理想、原则、结论和外部机构。这时候你会说"我相信大师级的人物"，我还相信其他的一些东西"。这样的信仰在宗教之心中没有任何立足之地，当然，这是我个人的观点。你们可以不接受，可以质疑我。对我个人而言，这是事实，那既然如此，宗教之心有未来吗？

瑞：未来暗示着某种回报。

克：是的，继续思考、认真检验这个问题。未来在召唤你："我很美好！"

瑞：希望得到回报。

克：那当然了，我会变得很好。现在可能不太好，但未来总有一天会变好的。所以我会问了，宗教之心的未来在哪里？上帝啊，这个问题似乎让你束手束脚。

桑：很显然，只要思想中有一个完整的成为过程，它就不算一种宗教之心。

克：你心里有成为什么的意识吗？

桑：有。

克：那你让它停下来。

桑：我可以观察成为的过程，但我不能确定是否让它停下来了。

克：不是你让它停下来。

桑：这不是刚才您问的吗，你是否让成为停下来了？

克：不，我不是这样说的。你表达了那么一种观点，只能说那是你的推测，一种口头表述，不是吗？要不然，你是不是会说，"我无法完全地领悟'成为'这个词的深度、完整性和世界它的丰富性"？每个人都会经历成为的过程。

桑：生命本身就是一种成为的过程。

克：请不要把这个简单的问题复杂化了。我是否真正全面领悟了成为的意义？成为是不是代表着未来的方向？比如说，"我会成为一个更智慧的人"，"我会成为一个网球高手"，"我开始明白物理学的原理了"，"我发现我慢慢成了一个更好的工匠"等等这些话都体现了未来的愿景。而在宗教精神领域，也有这样的一种不同层次的成为体系。所以我不能说"是的，对我而言没有什么开始或结束"这样的话。我必须去观察人如何努力实现目标这整个复杂过程。

拉贾斯：那恰恰是我们无法像您一样去回答这个问题的原因。

克：我可以回答。

拉贾斯：您可以，而我却不行。

克：为什么不行？

拉贾斯：因为我还在看"成为"的全部含义，还处在一个观察的阶段。

克：你看，你的反应不够快。

拉贾斯：的确不够快。

克：别一直重复这些话，你没有直击要点。

拉贾斯：那我该怎么做才能直击要点呢？不从"成为"的意义上去分析吗？

克：你理解了什么是成为吗？一个有开始和结束的过程，就是成为，你懂吗？

拉贾斯：很清楚。

克：我开始感觉牙疼了，所以说"成为"这一过程是有因有果的。当然了，你不必赞同我说的所有观点，自己好好地思考一下：什么是成为？谁会成为什么？思想是一种成为吗？比如更好的思想、更高尚的思想、开阔豁达的思想、深刻的思想。

拉德希卡：我觉得思想是一种对自我的印象。

克：那这所有一切的成为怎么解释呢？

桑：是一种自我修正、不断完善的印象。

克：当你说，"我要成为……"时，先停下来，看一看、感受和思考一下，让这种状态自由发展。而我的疑问是，究竟有没有"成为"这种状态的存在呢？比方说，"我现在很生气，但未来我会成为一个不生气的人"，试问生气这种东西还有未来一说吗？

桑：我感觉我一开始很生气，后来慢慢地觉得不那么生气了，所以这就是一种幻想，从开始的生气到终有一天绝不再生气，这就是整个成为的过程。

克：所以事物本质都是一样的：那就是，越来越少。

桑：您是不是认为"越来越少"是一种幻想？

克：我身上的暴力越来越少了——多么冠冕堂皇的话呵！〔笑声〕一个人变得越来越不暴力了，但他还是暴力之人，难道不是吗？

桑：话是这样说，但是我认为，由于人的心理进化的事实，"成为"这个状态会一直持续下去，这是一种幻想。

克：啊，先等等。我对"进化"这一点表示质疑。

桑：您的意思是不是说，不存在"越来越少"这种状态？

克：是的，不存在。

桑：那有没有"越来越多"呢？

克：没有，你问的是什么呀？

拉德希卡：成为一个越来越不暴力的人也许是越来越老的必然结果。

克：我不就是越来越老了么。［笑声］

桑：不，即便在年轻的时候，你也可以成为一个少生气的人。这算是成为的全过程吗？我们一直都在讨论成为。克问，究竟是否有成为这么一种状态？我们来回忆一下这个问题的始末。我说成为是存在的，因为"越来越少"只是一种幻想，因而人们就朝着"成为"这个方向去努力。

基：但是如果我仍然保持我是暴力之人这样一个事实的话，那就无所谓"成为"的问题了。

桑："如果我保持"只是一种推测。

施：成为只是一种幻想。

克：不要说一些言不由衷的话，除非你亲身体验。

拉贾斯：你要做什么？你实际上做什么？难道这其中就没有一种成为的状态吗？

基：我坚持一个事实：我是一个暴力之人，而且我也不在乎是否有非暴力或其他类似的状态，对此我不做任何预测。

拉贾斯：你说的"仍然保持暴力"是什么意思？

基：就是发现我是一个暴力的人。我不会回避这一点，不会说我想摆脱暴力或这样好不好之类的话。

拉贾斯：你发现自己是一个暴力之人，会有什么影响呢？你的这种发现的本质是什么呢？这仅仅是一种你对自己的认知，而你自己并没有任何暴力行为，对吗？

基：不，这不仅仅是一种认知，因为新的认知意味着现在的自己与过去经历的对比。

克：先生，你听到我所说的话了吗？如果没有，请你务必认真听我说。不好意思，我要在这里插一句：我说过，没有心理进化这一说。

桑：那正是我要问您的：心理进化的整个过程究竟是不是一种幻觉。

克：一粒橡子可以成为一颗橡树，这是进化的过程：橡子逐渐朝着自我实现的方向发展；一个小孩子会成为一个老人，通过进化，直至走向生命终点。所以我们说的是哪一种"成为"呢？

阿弛：生物学上的进化难道不是事实吗？

克：这一点我说过了，说过了的；它就是事实，这是无可否认的。

阿弛：但是伴随着生物进化的过程,也发生了一些观念本质上的变化。

克：先生,我并没有谈到观念。我说的是进化,一种自然界的进化:一粒种子成为一棵灌木,另一粒种子则成为一颗参天大树;一个婴儿长成大人,成为一个有知识的人,这一切都是进化。你同意我说的这些吗? 当然这是无可否认的事实。十年前还没有电脑,但是随着科学不断发展,现在几乎全美的家庭里都有一台个人电脑。从福特 T 型车到梅赛德斯,这中间有一个进化的过程。这就是进化,不会有其他类型的进化出现。

阿弛：您是如何做出"没有心理进化"这么绝对的一个论断的?

克：我就是这么断言的。

阿弛：这背后有什么原因吗?

克：如果你感兴趣的话,我会告诉你的。你是怎么看待我这一论断的? 很荒谬吗? 大脑有那么一点点被触动了? 继续,我不会生气的,我只是想问问你的看法。如果一个人非常严肃认真地对你说,除了生物学的进化之外,不存在任何其他类型的进化,你会是什么反应?

基：如果我接受心理层面也存在进化这一观点,那就意味着我的思想能由坏变好。

克：不,先生,这不是改变。首先,请听好我说的观点，也许它并不成立：我认为 X 是一个严肃的人，而且他确实在很多场合都表现出一脸深沉的样子。所以无论我什么时候碰到他，我都理所当然地认为他很严肃、很深沉，大家都觉得他是一个富有的人，这种富有不是指金钱上的，X 断言说，除了生物学领域的进化之外，没有任何地方存在进化一说。我要驳斥他这个观点吗？我要说"他下这么一个论断是不是脑袋有问题"这样的话吗？那些最有悟性的人呢，他们都开始说了，"要想成为，就去实践，去做这个、那个、这个。"

施：当他们说这样的话时，您为什么要用"最有悟性"来形容？

克：我会给你举个例子。佛陀应是经历了断食斋戒和放弃一切之后才达到大彻大悟的境界。在座的各位佛教徒们，如果我说的有错误，请及时纠正我。佛陀禁食、放弃他的家庭，在这个渐进的过程中，他最终大彻大悟，也就是说他进化到了那一层境界。我对此表示质疑，我不相信，我否认这一点。

施：但是如果我指出……

克：先听我说，别急着回答好吗。先听我说，集中注意力把它听完。

施：但是我想问您一个个人的问题。

克：噢，不，不，不。把手放下，手放下！我知道你想问我什么。

施：为什么，先生？我为什么不能问你那个问题？

克：先生，先听我说，好好听。你了解的所有文学资料、神圣书籍都在变，这就是一种进化。有一天某个人走到我面向，说，"那全都是胡说八道，根本就不存在"。而他说这话时是非常严肃的。我观察过他，跟他说过话，听过他讲话，我发现他真正是一个非常严肃的人。所以我应该反对他的观点吗？我会说，"这人的脑子是不是有病？他的脑袋里有个大洞"这样的话吗？请你听我说，所有的宗教疗法、心理疗法或是心理干预等行为，都是客观存在的。那你该如何去应对没有心理进化这么一种论断呢？你该做何反应？

阿弛：您会不会否认您经历了那种痛苦……

克：等等，先生，如果你想去感受那个人［克］的经历，那么我们思考的角度就会非常不同。我不确定在这个场合下说这些是否合适，但我确实把经历痛苦看作一种普世现象，不单单是我或者你去经历那种痛苦。如果你想问我某人的书里面写的"为什么会这样"，我自然会告诉你。但是我把这看作一种普世现象，而不是个人现象，不是发生在某个人身上的特例。所有的宗教者都是肯定这一现象的，不是吗？

阿弛：我可不可以问得再清楚一点？我们一直在讨论宗教之心，可在您说的语境下……

克：在我说的这个语境里，宗教之心没有进化一说。

阿弛：对啊，一个人的宗教之心并不是通过一个从无到有的渐进过程获得的，要么就有这种思维，要么就完全没有。

克：不不不，你看，你这样说就错了。我问你，你有没有发现一个真相：心理进化是一种幻想？心理进化是一个炸弹？

施：是的。

克：它是一个炸弹吗？

施：它是一个炸弹。

克：好吧，为什么这些人都说心理变化就是一种心理进化？几乎每个人都这么说。

提问者2：这只是从另外一个领域延伸过来的概念。

克：当然，当然，但是我不想再深入探讨这个概念了：这是一个其他概念的延伸，但我还是很疑惑，为什么他们要那样说。

阿弛：因为心理功能与生物学功能并没有太大关系，所以如果单纯从生物学角度来看的话……

克：就有了进化。

阿弛：嗯，就有了进化。

克：那是当然的。

阿弛：那这两者的联系是非常紧密的。

克：所以我才会疑惑。也许他们是对的，是我错了。我说，"我们一起来看一下，为什么要接受所有文学资料中的观点？"为什么要全盘接受？

桑：如果进化与宗教之心联系上了，那就不叫进化了。但是你会不会就完全推翻万物都在改进这一立场呢？

克：肯定会，进化就像一种自我改进。

桑：自我都没了。[笑声]否认自我是改进的一个方面。

克：先生，龙树菩萨应该是否定论的大师。

阿弛：是的。

克：否定是一个过程吗？

阿弛：不，他也说过您说的话。

克：那糟糕了。[笑声]

阿弛：有一首他写的诗，不过我现在记不起内容了。

克：没关系。

桑：前几天克里希那穆提先生把这一点说得很清楚了：觉察、否定，都仍然需要一个过程。整件事都处在一个适时的过程中。

克：这话谁说的？

桑：您说的啊。

克：什么？

桑：您问，"你要教什么？"我回答说，我知道什么是觉察，什么是否定。他说，"这20年、30年都仍然只是一个过程。"

克：当然。我说过，没有所谓成为更好的或更差的那么一种状态，如果你能接受"进化"这个词的话，那它就是包含了所有的一切状态：往后退、向前进以及靠边行等各种状态。

桑：照目前我们所了解的，那就是说善与恶之间没有差别吗？

克：善与恶是没有任何关系的。如果善与恶有关系的话，那么它就不再是善良了。如果爱与恨有关系的话，那结局是很明显的。

提问者2：是不是您所说的所有的这一切都有一个根本原因？

克：是的，先生。

提问者2：您所说的不存在所谓正与反的关系。

克：没错，我希望你们能讨论一下这个问题。

施：您刚才说了"一个根本原因"，是指什么？

克：你已经承认了，承认存在生物学的进化这一事实，对吧？其实生物学外延是与心理世界紧密联系在一起的。在心理世界里，人建立了一个巨大的层级结构——从坏的变成好的，无知变得渊博，暴力变为非暴力等等。这已经成了一种条件反射。如果你不喜欢用"条件反射"这个词，那是因为你发现它限制了人的行为，法国的南部有几个神秘洞穴，那里有距今3000到5000年历史的古画，上面记录了关于好人与坏人的交战。如果他们之间有关系的话，就可能有战争。如果他们之间没有任何关系，就不会有战争。先生，注意，你不必赞同这个观点。你是我的兄弟，所以我与你有关系。因为我们之间存在关系，所以就会有争吵。你是不会去跟一个陌生人吵架的，对吧？所以我们才说，任何时候，任何情况下都不会有心理进化的存在。如果你想追求心理进化，我会带着理性和循序渐进的态度去思考这个问题。

R. 尚克尔：克里希那穆提先生，我可以问您一个问题吗：如果您否认心理进化，那还有没有另外一种东西来替代它呢？

克：我没有否认它。你这个问题问得不太对，其实是关于赏和罚的问题。

R. 尚克尔：不，说句实话，如果你否认心理进化……

克：我没有否认它，因为它根本就不存在！

R. 尚克尔：但一定有其他的东西能代替心理进化。

克：为什么一定要有这样的东西呢？当你说一定有其他的东西能替代它时，你指的是什么？

R. 尚克尔：是与它配对的东西。我们说从生物学的层面上讲，进化创造出了某些东西，某些转变是通过生物学的进化实现的。

克：当然，这我知道。

R. 尚克尔：同样的道理，我们能不能提出这样一个问题：

从心理层面上讲，什么是与心理进化配对的东西呢？

克：你说的"配对物"是什么意思？

R. 尚克尔：转变。

克：先生，他解释了这个词的意思。生长和进化属于生物学的事实，它已经延伸到了另一个领域，延伸到了心理世界里，这样可能会出错。我们之所以会延伸这个概念，是因为我们发现万物都在不断成为、成长、扩大、进行着生物繁殖，而且我们也有一个共同的心态，就是要把这种事实延伸到心理世界去。我说心理进化是不可能存在的。但是你问我，这个进化过程什么时候能停止？下一个阶段什么时候开始？你需要自己去寻找问题的答案。

R. 尚克尔：另一个问题是……

克：首先，你要想想自己为什么要说"有一些东西或肯定存在这样的东西"之类的话。这是不是你的——抱歉我在这里要用到赏和罚——奖赏和惩罚内容的一部分？如果没有心理层面的进化，那我给这个世界留下了什么，心中会有什么东西？

R. 尚克尔：我感觉心里一定有一些东西。

克：嗯，道理都是一样的呵。

提问者 1：会有什么行动？

克：只有一项行动。

E. W. 阿德希卡拉姆：在心理进化中，"我"这个概念是不是应该……

克： 我不想深入研究"我"会不会成为一个更优秀的人，不想去研究什么自我改进，这些我说过的，都是幻想。

E. W. 阿德希卡拉姆： 所以这种思维不会进化。

克： 没有进化这一说。但是他想知道什么东西能取而代之。什么东西都没有，什么都没有！你明白"什么都没有"的含义吗？它的意思是，没有任何一个能安放思维的地方，不是吗？你是怎么看这一论断的？先生们，你们是怎么看这一论断的？你会做何反应？你会不会十分抓狂，说："你胡说八道些什么啊？！"你会不会朝我扔砖头？或者就直接坐在那里，一言不发？

R. 尚克尔： 克里希那穆提先生，如果我们能深入探讨一下为什么不存在心理进化，我们也许就能更好地理解这一概念。

克： 现在，你们想要一个解释是吗？那是你们提出的问题，我说过我会解答的。但是你们只是想要一个解释吗？解释、描述和分析能让你们搞清楚这个问题吗？或者你们自己能迅速看个明白，抓住要点？一个解释、口头上的分析或是说明，能帮助你们理解吗？这是智力与智力之间的碰撞，不是吗？智力的作用是去辨别、去衡量、去质疑、去分析和推理等等。那就是你们想要的吗？我会解释，但是归根结底，仅凭三言两语能否清楚地说明这一切呢？在某种程度上应该可以说清楚，但是这种言语表述和它的意义能否有助于你真正地理解或看清真相？智力属于思维的范畴吗？智力包含解释、描述和分析吗？或者说，智力超越了这些，与思想本身没有任何关系？你们都是老师，你们怎么把这种思想传达给六岁的孩子？他们多大才能理解呢？

施：八岁。

克：从七八岁开始，你如何让学生知道，好与坏没有任何关系？他们都想成为好学生，孩子们真的是这样想的。你们难道不知道吗？这是肯定的咯。可你如何才能帮助他们不要把好与坏联系在一起？如果你承认善良与邪恶有关，恨是爱的一部分——这听上去很可怕呀，你如何把这一切传达给那些年轻人呢？继续思考，先生们，你们是老师呀。假设你是我的学生，是个只有八岁的孩子，噢要是你们都八岁就好了。我想传达给你一种思想：善与恶完全不相干，它们之间没有任何联系。我就是想告诉你们这个。那我该从何开始呢？我应该告诉你我要做什么吗？我想让他们都听我的话。我不想让他们领会到善与恶没有联系，我就想他们听我说，这就是我所关心的。我该如何帮助他们，让他们听我讲呢？如果他们都听我讲，一切都好办了，告诉我吧。

施：我听您讲。

克：你看，你总是这样跟我玩双打游戏。我的问题是：我该如何帮助他们，让他们听我讲呢？他们在那里叽叽喳喳像小猴子一样，我该怎么做才能让他们听我讲话呢？如果我能让他们听我的话，交流就简单多了。他们可不像你们这些有城府的绅士，他们都是些非常单纯的孩子。他们也许很调皮，但是脑子还没有被教育、聪明等东西塞得满满当当的。所以我想帮助他们，让他们听我的话，我该做么做？我若是讲一个故事，一个很有趣的故事给他们听，不需要我要求，他们都会乖乖在那里听。而现在我想用同样的方式让他们听我讲话，我该怎么做呢？

基：只有在他们对我有某种信任或信心的时候才会听我说话。

克：噢，不。当你给他们讲一个非常好非常有趣的故事时，他们才会对你有信心，耳朵都竖得高高的，听得很认真呢。你意识到了什么没有？你没有认真听我讲。不是说你一定要听我讲，反正我也不觉得这是对我的不尊重。

施：你没办法让我们都听你讲。

克：想一想你为什么不听我讲，为什么这些孩子不听你讲？前几天我和一个十岁的小男孩在沙滩上散步，我们手牵着手一起走路。我在跟他说话，都是像鱼儿咬上钩一样，顺着线拉动着浮漂，他一直都在吞吃着我给的鱼饵。你们这些人就不懂了吧，都是怎么了啊？你们可都是老师啊。是什么让一个小男孩坐在那里认真地听一个有趣的故事，而不会坐立不安，朝窗户外面张望？他之所以能安安静静地端坐在那里，因为故事本身是非常吸引人的，他已经完全沉浸在里面了。怎样才能让他听你讲呢？不是用奖赏或惩罚的手段，那样事情就变得令人讨厌了。你们会怎么做呢？

拉贾斯：前提是故事打动了男孩，所以他能认真听。换一种情况，如果他遇见了一位思想深刻的老师，他也会认真听的。

克：故事很有趣，但跟深度和深刻没有什么关系，你们有没有看过《金银岛》？

拉贾斯：看过。

克：独脚大盗朗·约翰·斯尔维尔，你给他讲这个故事。他一动不动地坐在那里听你讲，知道为什么吗？

拉贾斯：不只是故事本身，还有你讲故事的方式，要绘声绘色讲给孩子们听。

克：别扯那么远。

拉贾斯：他完全沉浸在故事里了。

克：是的，为什么呢？

拉贾斯：他发现当他沉浸在故事中时，他变得很安静，不再调皮了，他很快乐。

克：他没有经历你所经历的一切。

拉贾斯：不，他没说这个。

克：他很喜欢那个故事，沉浸在朗·约翰·斯尔维尔如何杀人的情节中，感到很兴奋。你可以给他讲这类寓意深刻的故事。

拉贾斯：但是他也许认识不到那种含义呢。

克：噢，上帝啊！

拉贾斯：克里希那穆提先生，您说什么？

克：想简单一点吧，孩子。我想让他听我说话，当我在讲数学时、在讲鸟的时候，在讲山上的石头和它的形状时，我都希望他能认真听我讲。我也想让他听《金银岛》的故事。不管我是讲数学或石头，还是那野地里藏在石头后面的野兽，孩子们的这种听从本质上来说是一样的。噢，你一点都不知道。我想让他听所有的东西，而现在他只会去听一个有趣的故事。

拉贾斯：不，他会听许许多多的东西。当你跟他讲要懂礼貌，做个好孩子，他会听的。他会听你的话。

克：那么现在你讲数学的话他会听吗？

拉贾斯：有时候也许不会。

克：我知道。请看一看这整件事：他可以全神贯注地听一个有趣的故事，而在其他领域却无法做到这一点。这就是事实。现在，你如何才能帮助那个男孩或女孩集中注意力？告诉我你该怎么做。当他听你讲故事时，并没有人强迫他去认真听，对吧。

拉贾斯：没有人强迫。

克：他不是被强迫着听的，他已经跑到了故事前面。注意力很显然就变成了一件强迫的事情，对吗？你如何才能不用强迫的方式让他集中注意力呢？那是问题的关键，你该如何帮助他？好好想一想。

拉贾斯：当一个学生喜欢他的老师，就很容易让他参与到老师说的很多事情中去。

克：不，不。看，我是那个男孩，你给我讲故事，现在我的心思全在你身上；然后你开始讲数学了，我这会儿就朝窗外张望，看外面的树，看鸟、看地上爬来爬去的蚂蚁或甲壳虫，我想玩，抓住这些虫子，观察它们。那你该如何帮助我把注意力集中在你讲的数学上面呢？

拉贾斯：如果他喜欢……

克：不，我就是想让他听，不管他是朋友、敌人还是无足轻重的人，我都想帮助他，让他听我说。我想让他了解聆听的艺术，这不仅仅只是针对朋友。

拉贾斯：是的，但首先要从听数学课开始吧。

克：不是。

拉贾斯：先生，如果你的思维这么跳跃，从你想让别人了解聆听的艺术到聆听本身……

克：不是，你输入了太多的东西。我说的是我想让他去聆听，不管是听朋友的，听一个很喜欢他的老师的话，还是听经常打他的爸爸、给他温暖拥抱的妈妈的话，亦或是一个陌生人的话，都应该去聆听，需要集中注意力去听，不是吗？

拉贾斯：没有任何奖赏或惩罚措施吗？

克：没有，上帝啊，听我说，你没有认真听我说啊。你又把奖赏和惩罚的概念带进来了。

拉贾斯：克里希那穆提先生，您一会儿说听一个故事，一会儿又说不带任何赏罚色彩的聆听。

克：我没有这样说，这话是你说的。

拉贾斯：我是这样说的，对不起。

克：所以你之前都没有认真听我在说什么。我想让他集中注意力，不只是想想而已，你明白吗？我想帮助他，让他真的能保持专注，我该怎么做？

施：我不知道。

克：你要去找到这个问题的答案。我是那个小男孩，你讲数学的时候我从窗户向外张望，你给我讲故事的时候我就不会往窗户外面看，可一旦你讲起生物或数学之类的，我就开始密切观察你是否朝我这边在看。如果你有一阵子没朝我这边看，我就开始往窗户外面看了。现在，你该如何帮助我集中注意力呢？不是要你集中注意力。怎么做？别弄复杂了。如果我是那个老师，我会鼓励他往外看，我会帮助那个男孩或是女孩往窗户外面看，但绝不会说"集中注意力听我讲！"我会帮助他，去仔细地观察蚂蚁，观察地上爬行的甲壳虫，还有树叶。我会告诉他："嗨，忘掉课堂吧！我们一起来仔细观察这个东西。"你已经明白了吧？你对此是怎么想的呢？先生，你看我既没有让他集中注意力，也没有用强迫方式，没给他暗示说，"我必须要参加，必须要认真听，必须要做这个做那个。"什么是注意力中最重要的东西？

施：准确的聆听。

克：不，继续寻找，先生。什么是注意力中最重要的东西？我想我应该把这个问题留给你们，最迟明天要给我一个答案。你们会不会认为观察是最重要的？观察你的坐姿、你穿的什么样的衬衫和裤子，你是不是因为坐的不对把衣服给弄得皱皱巴巴的。我在集中注意力，在仔细地观察你口袋里的那支铅笔，以及因为装了重的东西而下坠的口袋。你们明白吗？所以我一直都在观察，观察能创造出一种特别的敏锐度。先生们，好好思考，我不必告诉你们答案。

马德拉斯

1983 年 2 月 9 日

8. 做世界的客人

有创造力的行为。/宗教之心是最富创造力的思维,它永远不会受到伤害,拥有最纯粹原始的特质。/宗教之心让老师和学生们不再因考试而受伤和恐惧。/在一个没有恐惧情绪的地方,学生会怎么样呢? 他们会感觉像在家里一样。/当然了,去别人家做客和在自己家的感觉是截然不同的。/吠檀多思想的真正意义归结到一点,就是不二论和无进化理论。

克: 我们是否要继续昨天的讨论? 我们能否把这些学校建成某种程度上真正卓越的、在世界上都是数一数二的学校? 别一提这个就一脸忧愁的样子嘛。[笑声]我们能做到吗? 不仅仅在学术方面一流,这还是其次的,重要的是有一群人聚集在此,他们内心真正充满激情,而不是天天在那里重复着教育方面的老一套东西。因为从一个普通人的角度看,这个国家真的岌岌可危:一切都在变得越来越糟糕,即将崩溃瓦解,南部和北部处于对抗状态。文凭由学士换成了硕士,去美国、去哈佛找工作,似乎都是在浪费精力,当然，并不是说他们不应去哈佛、剑桥或牛津，而是说我们能否再多努力一点，去培养真正一流的人才，我们能做到吗？

我们能谈一谈什么是创造性的行为吗？它不是指那些科学技术上的创新，而是一种创意流，一条创造性的河流。你们是怎么理解"创造性"这个词的？你画了一幅很好的画，写了一首很棒的诗或是一篇非常有深度的关于马或吠檀多的文章，有人这样做吗？对不起，我不是要拿马和吠檀多做对比啊，但也说不定它们之间有联系呢。[笑声]总之，我不会认为这些是有创造性的行为。

一个人会说"我的日子比梭还快"这样的话吗？（这句话出自《圣经》，是《旧约全书》而不是《新约全书》中有这么一句话，我前几天刚读过。）所以我们都活得有生气。我们能不能在瑞希山谷、班加罗尔、马德拉斯、拉加哈特这些地方成就我们的事业？我们能成功吗？我们能在这些地方，通过我们的关系、工作和生活方式，创造出真正深刻、持久、强大而稳定的东西吗？我们能不能实现我们想要的，这样我们就不仅仅是所谓知识分子，而是真正的人。我们能做到吗？稍后我们再回到这些问题上来。

现在继续我们昨天谈到的：我认为宗教之心是世界上最有创造力的思维。从根本上说它是一种自由的思维，一种不受限的思维。这种思维的首要前提是永远不会受到任何伤害，我们能好好研究一下吗？你知道，"无辜"这个词的根本含义是"无害"，它来自拉丁语和意大利语，意思是"不会受到伤害，留下伤痕"。知识不会留下伤痕、人生中的各种变故也不会留下伤痕，但要有一颗永远不会受到伤害和痛苦折磨的心，因为它有真正自由和纯粹原始的特质。我想说的就是这些，各位觉得如何呢？

桑：对我们来说过于完美了。

克：不，并不完美。

拉德哈：如果你说一颗心不会受伤，那好理解；可是你说心永远不会受到伤害，那只是每个人的愿望罢了。

克：噢，不不不。〔笑声〕一颗受伤的心就好比一种关系，比方说我和我的妻子离婚了，几年之后我对她说，"我太对不起你了，咱们复婚吧。"而这一次的结合不可能和第一次一样了。同样的道理，在你的心还没受伤的情况下，去研究是否有一种永远不会被伤痛打击的心态，这可能吗？假设我的心遭遇生活中各种变故和各种意外事件的打击，我能从中解脱？一定有一颗完全不会被任何伤害击倒的心。那这颗心就算受尽折磨、满布伤痕，它仍然能从中解脱，还能去触碰伤口吗？不要去碰它，而是接纳它，并和它共生共存。我认为这是可能的。我想知道我说清楚了没有，各位听明白了没有，或者你们以为我在说一些很浪漫的事儿？

先生们，我们来谈一谈那些学生：他们战战兢兢地来上学，担心和害怕各种考试、分数和 ABC 等级之类的，这些都是教育带给他们的巨大压力。正规的教育某种程度上还是很残酷的，不是吗？现行的教育伤害了他们的大脑、扭曲了他们的思想。我们能否抛开这一切去教育他们？你们怎么看？你们都是专家，请各抒己见。我把我的儿子和女儿送到你的学校，我责骂他们，因为他们惹得我很生气，我也知道他们思想受伤了。也许出于愤怒我还会动手打孩子，随后再向他们道歉，但是事后的道歉也回不到从前了。毁坏的桥无法再修好了，你可以重建，但那再也不是从前的那座桥了。

所以我把我的儿子交给你，他走到你面前，一脸沉重、战战兢兢，害怕随时被责骂，害怕听着老师说"做这个，不要做那个！"你的心也是受过伤，留下了伤痕的，你该如何面对孩子呢？我自己受过伤痛和折磨，现在我的学生也是，我该怎么做呢？好好想想，先生们。

R. 尚克尔：我认为在昨天的谈话中有一点说得很含蓄，您问道："我们能探究宗教之心吗？"这就相当于预设了"集合体"①能去探究宗教之心，不是吗？

克：是的，当然，当然可以。集合体是一块一块的碎片。

R. 尚克尔：是的，那么每个人都能去探究了。

---

① 如前几章的讨论中所提到的，bundle 这个词在这里的含义是指人类是由各种心理因素构成的集合体。

克：当然，当然了，而且他还能认识到一个人是碎片式的。但是这里我要问另外一个问题：你是否能培养出与众不同的群体，这是不是学校的作用？都是很重要的问题。你受过伤我也受过伤，而且我是你的学生。作为普通人来说，每个人受的伤绝不是一样的，除非能从中解脱。能认识到心受了伤，还能扫清一切伤痛，这样才是自由的思维，这样的思维才能够更加深入地去探究问题。所以你和我作为教育工作者，在这样的学校里最重要的职责就是帮助学生，也帮助我们自己从伤痛中解脱出来。你是否意识到了不再受到伤害的重要性？你是否真的明白了，不仅仅是口头上说说而已，而是深入到你的内心，你的肉体和你的血液里：一个受过伤害的人，就算伤口愈合了，但也无法回到从前，你真的明白了这一点吗？重要的是一个人应该彻底地从中解脱。你真的应该感觉到它的紧迫性和必要性。你知道我们已经受了伤害，你是老师，我是学生，我们都受到伤害。你该如何帮助我从中解脱？我想知道你们是否能认识到，不会受伤害的人一定是非常与众不同的一类人。

你们会怎么做？你们知道这意味着什么吗？不要比较，好吗？我可不可以探究一下这个问题？虽然有点危险，但是我能做到吗？这将意味着不再有分数、毕业、考试、分级之类的东西（学生可以在最后两年参加考试）。我知道这在一个学校看来是不可能的事情，因为几乎每个人，包括家长、整个教育系统都需要这些东西。我们能做到抛弃这些吗？也就是说，我们建立一个完全自行运转的学校，一个属于我们自己的学校，这样我们就能做我们真正想做的事情了。

阿弛：您难道不觉得您说的太乌托邦了吗？

克：噢，不。

阿弛：一个与学生打交道的老师一定要了解他说的话在多大程度上能让学生接受，老师的职责是，得知学生是否能理解他所说的。

克：我一直认为这就是教师的责任。我是老师，心里一定要树立一种认识：一个受过伤的人绝不是一个优秀的人。一个受过伤害、被打得遍体鳞伤的人，绝对不可能是一个优秀的人。

阿弛：知道了。

克：我们的教育体制像老虎一样，把他们弄得遍体鳞伤，把他们撕咬成碎片。

阿弛：我觉得这太夸张了。

克：噢不，你认为我说的很夸张吗？

施：不，先生，这不是夸张，您说的一点都不夸张。

克：告诉他，跟他辩论。

提问者1：像其他学校一样地去管理我们这样的学校，有什么作用呢？全印度有很多很多的学校，用相同的方式去管理这所学校，有什么作用？用考试和让学生害怕的手段等等，有用吗？还是按照老一套的来？

阿弛：我没有说"老一套"的方式，我说的是你可以改变体制，但是对学生的评价、对他需要掌握的知识的评估，完全是教师的责任。

提问者1：让老师去了解这些，而不是让学生。不要告诉学生他们的成绩，得了多少分。

克：先生，等一下，也许我们这样做了之后，就没有家长把孩子送到学校来了。

阿弛：我根本就没有考虑家长方面。这是教师的责任。

克：我说的还是那老一套的东西。

阿弛：不要给孩子造成一种自卑的感觉。如果孩子带着一种被忽略的感觉离开学校，觉得他与其他学生不平等，那么他以后踏入了社会，自卑感就会一直笼罩着他。我看到很多甘地学校的男孩子都是带着一种挥之不去的自卑感和种种复杂的感情离开学校的。我说过，合适地评估学生是每个老师的责任。这种评估应该是合理的、理性的，不应该让考试这种手段占据了整个学习过程，我是这么认为的。但话又说回来，你总不能把洗澡水和婴儿一起倒掉吧。

斯：如果能有一种不再让学生害怕的考试，那也许是有用处的。

克：是的，那就是我一直强调的。

斯：孩子们自己无法决定什么时候能弄懂一门学科，这也许很有用呢。

克：是的，但不要去跟考试发生冲突或争辩什么。考试是必要的，正如他所说，不再让学生害怕的考试是很有必要的。这是什么意思呢？作为一个老师，我看到了考试的重要性。我是真的体会到了，不只是口头上说说而已。我感觉学生不应该害怕我们的学校，一点都不害怕，这是非常重要的。不管是一年级、十年级还是毕业班的学生，考试都会让他们觉得害怕，一听到要考试，他们就会紧张和焦虑。现在为了能实行对学生的评估，我有什么责任？请让我把这个问题说完，然后再谈一谈其他的方面。我有什么样的责任？我不想让他们感觉害怕，我想让他们都能没有任何不适、轻轻松松地通过考试。我该怎么做？尽管我是在这里跟你们说话，给大家指导，难道这就不是我的责任了吗？如果我是这里的老师，认识到了不让学生害怕是非常重要的，那我该怎么做？最后孩子还是不得不去参加考试，然后给政府、给家长们展示他们的成绩是Ａ级或Ｏ级。那我们该怎么做呢？我怎样才能从一开始就知道学生没有恐惧？先生们，你们都是老师，来好好想一想这个问题。

阿弛：孩子们与我们学校的这么多老师接触，我发现大部分老师自身非常害怕丢掉工作。

克：这是另外一个问题，不是吗？他们来到这里，你想让他们一直待在这里教书，对吗？你在这里不光是教学的，在教学生的过程中，你自己希望能桃李满天下，而不仅仅是做一个凶横的小老师。不好意思，我在这里用这个"凶横"这个词只是想表达"普通"的意思。你不满足于只做一个教师，还想成为一个完整的人，一个有内涵和深度、充满快乐和激情、美好而善良的人。作为一个老师，我该如何做才能知道那个男孩对我、对学校没有恐惧呢？

拉贾斯： 首先，一定要对他非常温柔。

克： 不不，你说"温柔"，那是什么意思？柔柔的？让他感觉你跟个娘娘腔似的？在一个学校里，如果你过于温柔和柔弱，说话过于轻言细语……

瑞： 如果那样的话，我们的孩子离开这所学校后就发现自己很难适应其他学校了。

克： 那就太好了。［笑声］

拉贾斯： 通常，他们就会发现自己没有面对困难的力量和勇气了。

克： 这是我们的责任。作为一个老师，我想让他不再害怕，我该怎么做？最后他们必须要通过考试，我该怎么做？你每天去想那个孩子是怎么学习的，什么是适合他，什么不适合他的，你就知道他该做些什么了。你可以写一个秘密报告，交给校长或相关的人，报告上说这个男孩在哪些方面很差，但是绝不能让他知道。你同意这么做吗？你在观察他，而他能感觉到，你的这种观察和看他是否能通过考试的那种观察，是截然不同的。我不知道我是否说清楚了。

拉德希卡：您的意思是说，要观察学生的各个方面，而不仅仅是学习这一个方面。

克：是的，是的，那正是我要说的。不仅仅观察他课堂上的表现，还要观察他什么时候吃饭，怎么吃，穿什么衣服等等。你们能做到吗？

施：我们能做到。

克：这样的话，老师就和学生建立了一种持久的联系，他知道自己不会被惩罚。不管是一年级、二年级还是十年级，都是同样的一种努力行为。在这样的努力之下，孩子们不断成长的心智和思维不会再受到考试、老师的话语或是某些动作的伤害了。父母伤害了他，他来到学校，如果你跟他父母一样对待他，他就会哀叹一声"上帝啊"，然后自我放弃。但是如果他有一种不害怕的感觉，那这种感觉能对这个孩子产生怎样的影响呢？快来看一看这个问题。你是老师，你来到瑞希山谷学校。这个孩子吓坏了，他已经挨了顿打，在那里吓得不轻。他来到你面前，预感并确信你不会惩罚他，不会奖励他，不会把他痛打一顿，不会对他说，"做这个，不要做那个，考试要通过"之类的话。那么会有什么发生在他身上？你曾经历过这一切吗？会有什么样发生在他身上呢？

施：他会感觉跟在家里一样。

克：这是什么意思？

施：他会自由表达。

克：不，先生。他不会感觉跟在家一样，如果他感觉像在家里，这意味着什么？

施：意味着他信任你。

克：不是。

施：意味着他可以无所顾忌地犯错。

克：不是。他会有安全感，所以他能做——你明白我的意思吗？他来到了一个没有恐惧，不会挨骂的地方。这个学生会有什么变化？他说"在家的感觉"，是什么意思？你现在在家里吗？你是在瑞希山谷学校这个家里吗？

施：我在这里非常有家的感觉。

克：这是什么意思？

施：我能做我想做的事情。

克：是的，继续。你说的——像在家里的感觉一样，是什么意思？你现在在家里了吗？

R. 尚克尔：先生，人自己是没有在家的那种感觉的。

克：我自己就没有这种在家的感觉。我不了解我自己。你看，你把那孩子看作一个已经成年的大人，而我把他看作一个满怀恐惧从家里来到学校的可怜娃。在家里，他可能会抱怨、会哭泣、会挨揍，但是妈妈总是在身边。你们难道不知道这一点吗？你们必须知道这一点。妈妈总是在身边，这说明什么？说明他可以跑到妈妈面前哭诉："爸爸打我了，你能帮我踢他吗？"［笑声］你们知道我在说什么吧。所以说当你在家里的时，你是绝对安全的。你很有安全感，觉得自己被保护着，很快乐。你感觉"哦上帝啊，原来这里有一群人可以做我的朋友，我可以牵着他们的手，真好"，不是这样的吗？

拉贾斯：我从来不知道那种完全像在家里的感觉是什么样的，即使是和一群非常关爱你的人在一起。

克：我这里说的"人"特指孩子们，先生。

拉贾斯：没有人能完全地对这里有家的感觉。

克：为什么没有。

拉贾斯：因为即便孩子们把这里当成家，但与孩子们打交道的人并没有完全地对这里有家的感觉。

克：所以说你的责任就是要让其他的老师感觉这里是家。

拉贾斯：我只知道对家的感受程度不同。

克：别说这种模棱两可的话。就感觉像在家里一样，先生。把瑞希山谷学校，你所在的这个地方当作你自己的家。

拉贾斯：如果我说这是我的家……

克：不！把这里当作你的家。

拉贾斯：这其中有什么深意吗？

克：没什么深意。你看你又把问题想复杂了吧，孩子。

你把这里当作家，就像 R 一样把这里当作她的家，R 的丈夫也会把这里看作他的家，这样大家就不会离开了。请听我说，我走遍世界各地，不管到哪里，我都是一个客人。在哪里做一个客人，那里就是我的家。

施：您声名远扬、德高望重，人们都爱戴您，所以才让您有在家里的感觉。

克：我只是一个客人，不，你还没弄懂我说的意思。

拉德希卡：我意思是说您没有任何顾虑。

克：不，不仅仅是顾虑的问题。我去布洛克伍德，去孟买，J 和她的妹妹还有她最喜欢的佣人都在那里。他们照顾我，带我出去兜风，去散步，我参加所有的集会。但我只是那里的一个客人。你明白作为一个客人的感觉和在自己家里感觉的区别吗？

施：我明白，您是一个外人。

克：不，我是一个客人，世界的客人。哦，我的上帝啊！

拉德希卡：意思是说您不能表现得盛气凌人。

克：是的，我是一个生活在他们圈子里的外人。

拉贾斯：您不是一直都有家的感觉吗？

克：别打扰我。我是一个独居者，所以请勿打扰。我想告诉你们的是：把这里当作你自己的家，然后得到一种安全感，你们能做到吗？

拉贾斯：我有一种安全感。

克：那这里就是你的家了。

拉贾斯：是的。

克：所以就没有所谓的"不同程度"的家了吧。

拉贾斯：没有。

克：这是你的家，在这里你不会受欺负，T夫人不会告诉你要做什么。但是你也只是这里的一个客人，懂吗？

拉贾斯：我懂。

克：你是T夫人的一个客人，她还没跟你说"做这个不要做那个"。所以你是家里的一个客人。如果你感觉不自在，请把这里当成你自己的家，因为你要在这里度过你的一生。我也许要在这里待上一年，但一想到这是我的家我就非常开心。这意味着如果主人允许的话，我可以把房间布置成我喜欢的样子。家的意思并不是"我的地盘"，而是一种关系。我的关系是：这是我的家，但我是这里的客人。

施：重要的是，我们一定要让新来的人有家的感觉。

克：如果你自己有家的感觉，你就能让每个人都有家的感觉。但你同时也是这里的一个客人，那就意味着你不能把鞋子脱了放在那里。我想知道你们都明白了吗？如果你把这里当作自己的家，你要看到会有什么变化，同时你也要知道自己是一个客人。

拉贾斯：如果你不是客人，你就没法把这里当作家，那么你在心理上就会和它保持距离。

克：没错。一个学生战战兢兢地来到这里。我不想让他感觉害怕，所以我该做些什么呢？我像打量孵蛋母鸡一样地观察他。你观察过母鸡和她的小鸡吗？她下蛋后咯咯叫的样子你知道吗？所以作为一个老师，我一定要去观察他。我不想让他感到害怕，我也绝不会斥责他。我要去观察。第一个星期，我要观察他吃饭的样子、走路的姿态、他的穿着打扮和他的行为举止。我观察他，而且还要让他慢慢知道我在看他。他不会害怕，只是简单的观察。到了课堂上，我能不给他分数吗？把一年级和三年级的分数统统取消，孩子们就能快乐自然地成长。你们能做到吗？因为我一直都在观察他，所以他能正常地好好学习。等到你们教职工开会时，我会跟你们的校长或相关老师谈谈这个问题。我会跟校长说，"看，那个男孩子学得不太好，请好好地观察他。"这样就会形成一个全过程的研究报告。我也会在课堂上观察他，我会非常细心，不去威胁学生，这些你们都明白的，不是吗？

拉德希卡：您要求很高。

克：我是这样的。我希望他能表现出色，能发挥出他最大的潜能。因为我对自己也是这样的要求，所以就从他身上开始了。我是一声不吭地在做这件事的，你们能做到吗？

拉贾斯：当您说"不管哪个年级"的时候，我就不明白了。

克：你应该知道，我的人生是没有年级的，什么三年级、六年级、十年级。你们能像我一样做这些事情吗？先尝试一个星期、十天或是几个月，然后看看有没有效果。去尝试吧，如果不奏效，就放弃它。但如果这种努力的背后有一股精神动力，那就能成功。你们知道像他那样的男孩会有什么变化吗？你们有没有想过他会有什么变化？这是这个问题中最有趣的一点。你们一定注意到了一个现象：12、13 或 14 岁之后，男孩突然就有了变化，他变成了一个难以驾驭、粗俗固执和愤世嫉俗的人。你们注意到了吗？为什么会这样呢？

提问者 2：您的意思是指生理上的原因吗？

克：也许吧，他在成长，他的生殖器官和肾上腺都开始发挥作用了，但我认为这不是他变化的主要原因。

拉贾斯：我认为有另外两个原因：一是他成长过程中来自家庭的压力。

克：是的是的，先生。

拉贾斯：可能另一个主要原因是，这种变化是他作为孩子去应对所有伤痛的一种反应。他现在长大了，变得强壮了，就可以把情绪发泄在别人身上。

克：再想想还有没有其他的原因。

拉贾斯：您是不是说他小时候很胆小怕事？

克：你一年有九个月和那个男孩在一起。

拉贾斯：即使我们也会有害怕的感觉。

克：我们说过"不要害怕"，对吧？害怕是原因之一吗？是因为他害怕去面对一个怪物世界吗？还是他从不知道什么是真爱？先生，如果我爱我的儿子，这难道不能帮助他扫清一切障碍吗？你对这些孩子倾注过这样的爱吗？

施：是的，倾注过。

克：注意，不要说"是的"。这是实验，你明白吗？不要说他的变化是生理性的，是无可避免的。

施：我没有全部接受那样的观点。

克：现在，如果我爱那个孩子，对他真正有很浓厚的感情，那他就一点都不害怕跟我在一起。这会彻底地改变他的心智吗？你看，他在家里变强硬了。

施：当然，先生。

克：好好观察，好好思考一下这个问题。他在家里变得强硬了，还给自己做了一个防护罩。他戴着防护罩来到学校，那层罩变得越来越厚，他整个人就待在里面。那个罩子能保护他吗？我这里用的"保护"一词的含义不是指像妈妈保护自己的孩子那样，而是他待在防护罩里给他带来的一种被保护的感觉。那个罩子把他与外界隔开了，他觉得十分安全。不是被引导，而是被保护的感觉。这就会给那个男孩带来不同寻常的影响。你会去好好爱那个男孩吗？不要问，"什么是爱？是这种程度的爱还是那种程度的爱？爱在哪

里？在我心里还是在我的脚趾里？"［笑声］

拉贾斯：克里希那穆提先生，您在过去的五年里一直都在问我这个问题。

克：什么问题？

拉贾斯："你会这么做吗？你会保护那个孩子吗？"我听了这些话，我也说了我会。我注意到当学校和与您志同道合的人们在贡献着力量时，当您已经不那么强大时……

克：好了，好了，孩子，停下来别说了。如果你在这里没有家的感觉……

拉贾斯：完全没有……

克：完全没有……如果你没有被保护的感觉，没有安全感——我说的是你，不是那个男孩。

拉贾斯：当然，您说的不是那个男孩。

克：那你就不需要回答我的问题。你去跟校长争吵，去跟其他人辩论，做点其他的什么事吧。但是如果你们都说"看哪，我们已经思想一致、齐心协力朝这个方向努力了"，那么就放手去做吧，先生，看在上帝的分上。

拉贾斯：即便我的想法还不够充分完善。

克：先生，你不要钻牛角尖好吗。

拉贾斯：我没有钻牛角尖。

克：你找到了感觉吗？

拉贾斯：今天在瑞希山谷学校，我们有了这种感觉。

克：那就对了，你现在已经完全有家的感觉了吗？

拉贾斯：没有，那就是我为什么想要……

克：不，不，别跟我争辩，去感觉，找家的感觉。

拉贾斯：先生，像这样您怎么感觉在家里呢？不知不觉地，害怕的感觉出现了。如果有了害怕的感觉，我怎么可能有家的感觉。

克：噢上帝啊，你太钻牛角尖了。看，你不想有害怕的感觉，学生也不想。所以首先要做的事就是让你自己和学生能感觉这里像家一样啊。这是第一重要的。意味着孩子在这里是受欢迎的。

拉贾斯：现在，我怎样才能让自己感觉像是在家里呢？

克：先别说你自己了，欢迎。

拉贾斯：我明白了，我要让孩子觉得自己受欢迎。

克：但你也是在这个家里的，你是一个客人。作为一个客人你也是受欢迎的。

拉贾斯：但是那不是……

克：你看，你没有认真听我说吧，你已经开始动摇了。我再重复一遍。原谅我一再地强调，我没有不耐烦，没有生气。你想把这里当作你的家，完完全全是自己的家，对吗？那你就要这么去做。"在家"说的也是你作为客人处在这里，你要不断地去调整自己，不要说，"一定要这么做"，而是不断调整自己去适应这个地方，适应这里的人。你虽然是一个客人，但是你是在家里。你明白我说的吗？

拉贾斯：如果主人不想让你有宾至如归的感觉，你就不可能做一个客人。

克：没有人会为你打造出一个家的感觉，这是你自己要去做的。

拉贾斯：如果主人不想为孩子营造一个家的氛围……

克：我在问你，在问你话呢！瑞希山谷学校对你来说是一个家吗？别犹豫，家！

拉贾斯：我感觉是。

克：那它就是你的家了，不是吗？它是你的家，你待在那里，但是同时你也……

拉贾斯：是一个客人。

克：抓住那种感觉吧，先生。

拉贾斯：先生，您说的是什么感觉。

克：感觉自己是一个客人，但同时又感觉像是在家里一样。

桑：我也想知道这种感觉。您是不是想表达这么一种意思：一个人不可能有纯粹的家的感觉，同时又觉得这里永远都是他的家，对吗？因为客人毕竟不是这个家的永久居住者。您说的某些情况并不存在。

克：我去布洛克伍德，我在那里有家的感觉，但我是一个客人，客人是什么？

桑：是停留一段时间的人。

克：不是。

桑：是的,他没有永久停留的权利。

克：你没有全面地看问题。

阿莱雅·夏里：在 Vasanta Vihar(克里斯那穆提的学习中心),我感觉自己是个客人,对我而言,这种感觉在整个学习过程中都非常强烈,但我同样也觉得像在家里一样自在。

克：没错,我在这里有家的感觉,但我同时也非常警觉,一直在让自己适应这里的人,一直在观察。既然这是我的家嘛,我也会说,"我要去批判、去观察、去改变、去行动"。这很简单,有什么难的吗?

桑：像瑞希山谷学校这样的地方,很多人来到这里,彼此建立起关系。您也知道一个人是无法建成一个家的,所以家需要这种关系发挥它持久的作用。

克：不,不要把问题弄复杂了。就听我说,我问 R,这里是不是他的家,他表现得很犹豫。

桑：这一点我看得很清楚。

克：当然,因此这里就不是他的家。我对他说,"把这里当作你的家吧。"

桑：怎样才能把这里当作家呢?

拉贾斯："家"这个词,您对它的定义……

克：你知道家是什么意思吗?

拉贾斯： 不知道，先生。您赋予了"家"这个词太深的含义。

克： 当然了。

拉贾斯： 如果另一个人问我同样的问题，我眼睛都不会眨一下，直截了当地告诉他这是我的家。但如果是您问我这个问题……

克： 这说明了什么？哪里保护了你，你就觉得哪里安全：你关了窗户，关了门，你睡得很安心。你把东西都收起来，你的书、留声机和所有东西统统放一边。这是你的家，你的住所，你安身的地方，不是吗？家意味着一个庇护所，一个保护你、让你安全的地方。你能惬意地坐在椅子上，伸展四肢，听着留声机唱片。家，就是你的庇护所。

拉贾斯： 这是不是一种无关其他……

克： 一种无关其他任何事的感觉。它们[克指的是隔壁很吵的音乐]今天早上四点半就开始了，但是这里仍然是我的家。

拉贾斯： 是的，但是他们刚好踩在了你家的边界上。

克： 不，你自己要营造出一种家的感觉。

施： 不管你走到哪里，你都有一种能力把那个地方经营出一种家的感觉。

克： 不，你们都是怎么了？我说的是瑞希山谷学校，你们要把这里当作自己的家。

提问者 3：为了经营出一种家的感觉，一个人是否需要某种保护？

克：难道你不需要某种保护吗？

提问者 3：这是不是就需要安全感？您这不是在要求一种安全感吗？

克：不是。是屋子的四面墙罢了。你们为什么都要把问题搞得那么复杂？看，我今晚睡在这里，我不想突然被人叫醒，因为这让人觉得很讨厌。我想慢慢地、安安静静地醒来，所以我把门闩上了。我现在感觉很安全了，你们懂了吧？这间屋子，它的四面墙以及地板构成了我的家，我能在这里做我喜欢做的事情。

提问者 2：在不过分的情况下，你能做你喜欢做的事情。在这个家里，事情不是那么容易办的。

克：为什么不容易？你们都是怎么了？我伸展一下胳膊腿，感觉很容易，很自在呀。难道我是个奇怪的动物么？

提问者 2：但基金会的人可能会请你出去。

克：我不打算说基金会的事。这里也许是我的家，我没有非法入侵，我不会做有悖于一个家的事情。所以说我是一个客人，一个把这里当作家的客人。已经说得非常明白了，你们还在争论些什么呢？你们会把这里当作自己的家吗？不要拐弯抹角，就把这里当作你们的家吧。看看会有什么变化：你会真正地感觉这是一个家，好好地去经营它，不要说什么"好吧，我也许会转变想法"之类的话。只要我一天在这里，这里就是我的家。客人是一种离家在外对自己的行为负责的人，因为他知道自己必须寄人篱下，他就一定要和主人相处，这就是一种团体。但如果团体说，"我们都在这里抽烟，我们都在这里吃肉"，那我是不会接受的。我会劝说他们，或者我就干脆出去，因为我是一个客人。

拉贾斯：这就是一种客人当家的感觉。

克：没错，先生！发现它的美妙了吗。也就是说，你既是信徒，也是一个老师了。

拉贾斯：同样的道理，不是吗？

克：是的，先生！最终你会有所收获，你们都会这么做吗？

施：我正在努力。

克：很好。所以说你们现在在这里会感觉非常安全，你们也会让学生们觉得非常安全。看看会发生些什么呢：没有恐惧，没有威胁，学生被保护得很好，老师全面地观察他们，他们的衣食住行。会有人来好好地关爱这些孩子。家里有妈妈疼爱，但是她也付出了太多。在这里，所有的人也都在照顾我，你知道吗，你们所有的人都来照顾我，你知道这会对我有什么影响吗？

施：知道，会非常有安全感。

克：不是，先生。我崇拜你，哦，你们应该一点都感觉不到吧。我尊重你、爱戴你，我不会做任何惹你生气的事情，因为你在观察我，保护我。我不会再多说了，你应该明白。

*　　*　　*

现在：昨天晚上，R 和我在外面散步，大海非常宁静，水天一色。R 对我说，吠檀多一词的意思是"知识的终结"。

拉德哈：那只是一种含义。

克：非常好，为什么说"只是一种"呢，还有其他的含义吗?

拉德哈：有啊，[笑声]我不会说，但它确实有其他的含义。

克：不，我问的是这个词的根本含义。

拉德哈：根本含义就是"知识的终结"。

克：那就是我坚持要表达的观点，它不是评论员的讲述，也不是当地古鲁的言论。吠檀多真正的本义就是"知识的终结"。现在，我们首先假设二元论的存在，首先认为世界上的万物都是二元性的（不是男女之间或是自然界的那种二元性），然后再说我们必须实现非二元论。就是这样，先假设二元性的存在，然后再说必须要摆脱它。

拉德哈：这跟我说的不太一样。

克：现在你想说什么你就说吧。

拉德哈：昨天您说没有进化一说，似乎没有人说过这样的话。但是我指出有人说过，比如吠檀多就说过。

克：有人这样说过吗？我并没说无人说过这话呀。

拉德哈：是的，那好，他们一直都说没有进化这一说。

克：谁说的？

拉德哈：吠檀多派的人。他们说没有进化这种东西。

克：那我可以反对吗？

拉德哈：您请讲。

克：当你把自己归为吠檀多派之后，你就已经创造了一种二元论。

拉德哈：当然，是的。

克：明白了吗？现在继续，如果我把自己归为一个佛教徒，我就是一个独立的人。

拉德哈：好，我们先把吠檀多派放一放，他们说没有进化一说，而我们说进化有很深的含义。如果没有进化，就会带来很多其他的问题。我们也谈到了奖赏和惩罚的问题，这一点暗示着没有局外者。

克：没错。

拉德哈：似乎对我来说，如果您说没有进化一说，那就暗示着同一回事。可能表现得没有那么明显，但是当你说没有进化的时候，就暗示着没有局外者了。

克：你为什么要说是暗示什么？你对这一切都很感兴趣吗？

拉德希卡：我可以说两句吗？这也暗示着没有局外者。

克：不，先等一等。首先我们来看看她说的话：那就暗示着没有局外者，为什么要这么说？

拉德哈：事实上，这暗示着没有局外者或没有局内人。

克：你为什么要用"局外、局内"这样的词？

拉德哈：因为在昨天的讨论中，当你说没有奖赏和惩罚时，您提到了"局外者"这个词，这就说明了没有什么"局外者"。

克：你一直都在重复，但我不太理解你为什么要在这里用"局外者"这个词。看，这里面有因果关系，有原因的地方就会有结果，看到了原因，你就知道了因果的链条，一直这么不停地发展下去。成为也是一种因果关系，进化中也包含着因果联系。当克说没有进化这种东西时，所有进行和未来时态，比如"一直"，"即将"，"一定会"这些势头都会停止，不然的话……

拉德哈：您回到了那个时间过程中。

克：不，是进化。

拉德哈：进化的意思是……

克：……是一个时间过程。我的人生所依靠的两样东西——奖赏和惩罚，还有我的思想、我的大脑都朝这个方向训练发展。接受了教育后，人们知道如果要想得到奖赏就应该这样做，否则就会受到惩罚。我能不能换一种理解：从来都没有奖赏和惩罚一说，那只是思想内在的一种产物，不是吗？心理世界没有奖赏和惩罚，虽说我们一直都是按照赏罚的方式去生活，但实际上并没有这种东西，那只是一种幻想。

拉德哈：是的，这也带来了一个问题，谁得到奖赏，谁接受惩罚的问题。

克：我脑海中的印象是……

拉德哈：是的，唯一的印象也是虚构出来的。

克：没错，我心里的印象是：建立了一种"自我"的思想，有奖赏的时候我是这一种表现，遇到惩罚时我就是另一种不同的表现。

拉德哈：因为有这种印象……

克：没错。

拉德哈：……就有了这么一种观点：印象之外的某种东西会实施惩罚。

克：是的。

拉德哈：或给予奖赏。

克：是的，或者我能创造出我自己的赏罚体系。

拉德哈：是的，没错，同样的思想还能创造出因缘，这种因果体系或其他类似的东西。也就是说我创造出一套自己的奖赏和惩罚体系。

克：是的，是的，所以说奖赏和惩罚，这就是二元论，不是吗？

拉德哈：是的，当然。我不知道为什么您要反对局外者。

克：我没有反对，我只是说局外者是一种环境。

拉德哈：环境或一种想象的存在。

克：当然。

拉德哈：这不同于印象。

克：环境、社会、我的父亲和母亲，这些都是局外者。正是局外者能帮我建立对自己的一种印象，我已经创造出了自我的印象。这种印象按照奖赏的方向去努力，现在这种印象成为了一种幻想。当我意识到它只是一种幻想时，就没有了奖赏和惩罚。

拉德哈：是的。

克：所以也就没有了矛盾。然而，如果我坚持自己的观点，并且假定有二元论，并且要努力去超越二元论的话……

拉德哈：因为假定二元论存在的思想本身也处在二元性中，它自身不可能超越二元论。

克：所以不管怎么说都行不通。

拉德哈：是的，但是我有这么一种认识：你解释某个事情,我去观察它。直到你把这个事物解释清楚,或者我参与了那个研究调查的过程,我才能真正地看清楚。所以可能一开始眼见为虚,后来就看明白了。

克:不,先是看不明白……

拉德哈:是的。

克:注意,你刚才说什么?

拉德哈:一旦看清了存在物,就不存在眼见为虚的问题。

克:仅此而已。

拉德哈:当出现了"眼见为虚"的问题时,就真的看不明白了。

克:是的,因此没有二元论这一说。

拉德哈:也没有进化。

克:当然。

拉德哈:但是某种……

克:……某种行为跟时间没有关系。看不明白,会变成看得明白吗?

拉德哈:不会。

克:那就是了。如果会转变的话,看不明白渐渐地变成看得明白,那就有了二元论。有了二元论,就会产生矛盾。

拉德哈:是的,当然。

克:我们从这个问题开始:我们可以毫无冲突地生活

吗？如果我认真严肃地问自己这个问题，那么奖赏和惩罚就没有任何立足之地了。

拉德哈：这里面含义太深、太丰富。

克：当然，克说没有二元论，他并没有做这种假设。

拉德哈：是的，他只是说不存在二元论。

克：意思是说……

拉德哈：……是说这不是事实，对立面不是事实。

克：是的。

拉德哈：可是，举个例子，薄伽梵歌假设二元论的存在，并主张人们一定要摆脱二元论的束缚。

克：是的。

桑：你是否觉得它推测或描述了人的真实情况？

拉德哈：是的，你可以这么理解。

桑：是从对幻想二元论的描述开始的。

拉德哈：是的，它推测了二元论的真实情况。

克：佛教徒有什么立场？

拉德哈：我已与克里希那穆提先生交流过这个问题，印象是不真实的。

克：没错。

拉德哈：不真实，意思就是根本不存在。

克：是的，它客观上不存在，只不过是思想组织起来的一种非书面化的结构。

拉德哈：不存在的那个"自我"看到了一些东西。

克：你不可能看到的。

拉德哈：不，确实看到了。那个自我在说"我看见了一朵花"，"我看见了一个坏人。我看见了一个好人"。

克：但是这个不存在的"自我"、这种幻想，当它去观察某些东西、去观察恐惧的时候，就好像它是自身分离出来的某物。

拉德哈：不止如此，这种不存在的"自我"是恐惧。恐惧是它的一部分，它会观察人，观察这个世界，站在它自身的基础上去观察所有的事物。

克：当然。

拉德哈：所以它所看到的也有那不存在的一部分。

克：注意，请注意，这个需要深思熟虑。

拉德哈：我在想昨天 R 说的话，关于表象和现实的话。这是个值得讨论的问题，您不应该跳过它。

克：我没有，我没有跳过这个问题。

拉德哈：按道理说，当"自我"去观察的时候，印象所观察到的总是表面现象。

克：我明白你说的意思。

阿弛：我可以引用佛教徒的观点吗？

克：可以，那正是我想问的。

阿弛：佛教徒说没有自我。

克：就是无我。

阿弛：是的。

克：那是当然的。

阿弛：现在，这个问题推导出来的结果——也是佛教徒的立场——就是：自我是一个过程，它开始和终结人的大脑。所以自我不是一种现实存在。他们在大乘中已经清楚地表达了这一观点，而这在其他人看来还是很隐晦。

拉德哈：如果要说得简单一点，他所说的就是，通过"自我"看到的只是表面现象，看到没有"自我"的地方则是现实，是真相。如果是"自我"去看这个世界，那么看到就只是一个幻象，或者是轮回转世的造成的结果。

拉德希卡：我不是这样去理解的，因为你不能把"自我"带到轮回这种矛盾中去。我的理解是，涅槃与成为没有什么本质区别，对轮回的觉知就是涅槃。

克：要看明白这种感觉的本质。

拉德希卡：是成为，是轮回。

克：看清这种感觉的本质。当思想占据了你的感觉，成为就开始了。那种成为是涅槃吗？

拉德哈：成为永远也到达不了涅槃的境界。

克：这正是我想说清楚的一点。

拉德希卡：成为到达不了涅槃的境界，可是只要看清了成为的真正本质之后，这种了悟本身就能到达涅槃之境。

克：我把成为看作一个永无止境的过程，这意味着进化和时间。成为中包含着一种因果关系，而同样这个问题，换一个角度来看，它就有了终点，那就是真相的出现，如果你认为真相是涅槃的话。我不管你用什么词，结果是什么呢？那就是佛陀想要表达的东西吗？

E. W. 阿德希卡拉姆： 佛陀说过有 ajatha，但这个词不是从 asangatha［矛盾、不一致］中衍生出来的。

克：你是不是想表达"那不是构成思想的一部分"？

E. W. 阿德希卡拉姆： 是的，顿悟之后，佛陀首先说的事情之一，当然这也是经书上说的，就是他的思想行将停止。

克：是的，我明白，我明白那一点。

E. W. 阿德希卡拉姆： 解散思想，放下心念（*Visankaragatham Chittam*）。Chitta 是思想，商羯罗想要进行"组合"，而 *Visankaragatham* 意为"解散"。

克：是吗？

拉德哈： 先生，什么是成为？成为只是变成某种事物这一印象，印象是一种幻想，所以整个成为的过程就是一种幻想。

克：那是当然。

拉德哈： 所以一旦幻想终结了，就可能……

克：不要用"终结"这个词。

拉德哈： 那您用什么词？

克：没有。

拉德哈："没有"？当幻想没有了，就有了涅槃。

克：那是你说的。

拉德希卡：也有其他的解释：涅槃不是外在可寻的，它离你很远。

拉德哈：因为幻想不是一种外在的表现，所以当幻想没有了，那么，所有的一切就属于内在的。

克：对吗，先生？你同意这种观点吗？

阿弛：我一直都试图提出一个有趣的观点：当佛陀说一件事时，在交流的过程中，各阶段成为现实。这就是思维投射的方式，存在几个不同的思维阶段。

克：当然，这些评论者，他们真的没有明白佛陀之话的真义。

E. W. 阿德希卡拉姆：更确切地说，他们尚未明白。

克：总之他们没有明白。

阿弛：不，他们认为这个观点会带他们到彼岸。

克：是的，先生，没错。那就是你们的疑问，某些人的疑问。

拉德哈：您昨天说过善良无法触碰到邪恶。

克：没错。

拉德哈：我认为评议者们会在未来说克里希那穆提先生承认了二元论。［笑声］

克：反正那时候我已经死了，没关系啦。［笑声］

拉德哈：不，我认为需要稍微解释一下这个问题。

克：我的意思是这样的：如果爱是恨的对立面，那它就不是爱。如果恨是爱固有的一部分，那这不是爱。如果爱中包含着敌意，那这不是爱。如果我的心里有伤痛，那么另一端的爱就不可能存在。如果有恨，那么它的对立面就不是恨。如果有爱，那么另一端就不是爱。

拉德哈：为了搞清楚，我可以换一种方式去理解您说的吗？如果我有一种爱的理念，我就假设它的反面是恨。

克：这样说当然可以。

拉德哈：我所想到的爱和我投射出的恨都只不过是思想，都只不过是思想的产物。

克：爱与思想有关吗？

拉德哈：没有，那正是我想要表达的。

克：好。

拉德哈：当它与思想联系在一起时，思想就能创造出它的对立面来。

克：是的，爱和思想无关。

拉德哈：爱与思想无关。

克：那就是我们一直在说的，如果爱是恨的对立面，那么它就不是爱。

拉德哈：没错。

克：这就对了，非常简单。如果善良是邪恶的对立面，那么它就不是善良。但是我们说这两者是共存的，因而就产生了二元性。

拉德哈：每个对立面都只不过是思想的产物。

克：不，我会换一种说法：善良没有对立面，爱没有对立面。

拉德哈：邪恶有对立面吗？

克：没有，邪恶就是邪恶。它可以凭空制造出一个对立面来，我杀死一个人，这是邪恶的表现。伤害他人是不对的。

拉德哈：前几天一个科学家问道："杀人有什么错吗？"

克：我知道，我知道。这应该是列宁说过的话："人类是一个负担，你用什么方式去杀人并不要紧。"（其实是索尔仁尼琴说的）我认为这个问题非常简单，爱没有对立面，如果有恨，那就没有爱。如果我嫉妒，我心里就没有爱。

拉德哈：所以只有"是什么"，只有事实。

克：没错，就是这个道理。如果有爱，那爱的另一端就不存在。但是爱并不是思想的产物。

拉德哈：没有进化，只有"是什么"。您接受这种说法吗？

克：没错，如果要花时间去研究"是什么"的结果，那也就是进化了，不是吗？

拉德哈：是的。

克：我想知道你明白这一点吗?

拉德哈：明白了。

阿弛："是什么"有一个成因,脑子里想的东西是有原因的。

克：那当然。

阿弛：所以就会有进化一说。如果事出有因,就会有进化。

克：不,不是这样的。

拉德哈：比如说"是什么"是嫉妒心,如果要花时间去研究嫉妒心的结果,那就是一种进化。

克：这很清楚,很简单。我有嫉妒心,如果我说要花时间在接下来的一年里克服这种心态,而同时我能愉快地接受有嫉妒心的自己,那这就是一种进化。因为终结嫉妒心是要慢慢来的,不是吗? 我现在嫉妒别人,但总有一天我会摆脱这种嫉妒心理,这中间的距离需要时间去填补,这就是一个进化的过程。如果我现在不终结这种心理,那其他的行为也构成了进化的过程。我想知道你们明白了吗? 这是不是很神秘?

阿弛：我们可不可以这样去理解? ——时间不是一个传送带,它不会自动把你带到你希望成为的最终产品那个地方。

克：当然不是这种传送带了。

阿弛：有没有最终产品这种东西？

阿弛：没有。时间在流逝，但你想要的这种最终产品不会出现，可能不会出现。至少我看不到。但是一旦有了这种成品，那它跟时间无关。时间不是一架梯子，不是一个传送带。所以成为也变得毫无意义了。

克：先生，佛陀谈论过时间吗？

E. W. 阿德希卡拉姆：说过。佛法（dhamma）就被称为"广大无边"（kalavimukta），它的意思是"不受时间的束缚"。Kala 是时间，vimukta 是自由。也就是说，不受时间的束缚就是佛法，是真理。

克：真理，我明白了。

提问者 4：当您说没有进化时，这里面也包含着进化根本没有起因。

*　　*　　*

克：我们可以无限地继续交流下去，我们可以回到哪个问题上吗？我们或多或少地算是对这个话题告一段落了。

我们能回到有关学校的话题上去吗？瑞希山谷学校已经成立了 6 年，拉加哈特也有了 15 年的历史。我们需要花一些时间才能回到当下的状态。我们称之为进化，但是进化尚未开始，不是吗？

阿弛：是的，那就是我一直在说的，在当前的条件下，瑞希山谷学校和拉加哈特的存在本身是对某种概念的否认，否认我们有朝一日总会到达某个地方。

克：当然，当然。

阿弛：所以说有一点可以肯定的是，如果你想做某件事，就马上去做。

克：没错。

阿弛：也存在时间会湮灭这种说法。

克：如果 R 想要把瑞希山谷学校变成一个家，他现在就可以行动。你不要问，"我该怎么做呀？"现在，我想说的是，这些学校都实实在在地存在，最近还有班加罗尔和马德拉斯的学校相继成立。在孟买的学校已经有 25 到 30 年的历史了。但是它们都是新的，相对来说新的学校。老一点的学校就有至少 50 年的历史了，基本上没有发生什么根本性的变化。现在，在瑞希山谷学校和拉加哈特，当然还有其他的几所学校里，我们能否不惜时间地去改变它们，让学校走上一条与众不同的道路？变革一般来说都是很现实的，不是吗？资本主义灭亡了，社会主义诞生了，社会主义灭亡了，共产主义诞生了。而这一切，都要交给时间。

我们是否明白一个家对我们每一个人的重要性？我们每个人都要在瑞希山谷学校和拉加哈特营造一个属于自己的

家。"家"对于每个人来说是一个安全的庇护所,在那里,你会感觉轻松自在,只要不超出屋内的限制,你可以做任何你喜欢的事情。如果有人说,"因为这是我的家,所以我要做我喜欢的事情:每天早上10点起床,11点去学校。"那样他就有辱他作为一个客人的身份。所以我才会强调"客人"这个词。尽管你是在家里,但是你一定要守时。主人说8点钟吃早餐,在家里我们都是听主人的,他说8点或其他什么时间,那就要守时。所以你是在家里,但也是一个客人,明白吗?

施:明白。

克:当学生来到学校,你一定要让他完全有家的感觉。就是说他来上学就是在家里一样。当然他也是一个客人,必须适应我们所认同的一切。也就是说,尽管他像在家一样,但我们是主人,所以他必须要做到守时、学习要认真等等。一个10岁的男孩到了18岁会变成一个怪兽——请允许我用"怪兽"这个词,这似乎是一个生物学上的事实。我们的工作室看能否防止这种情况发生。我感觉只要一个人心里有爱,从内心深处真正地爱学生,他就能防止这种现象。年级则是次要的问题,它会改变的。你可能不得不去做一些改变,我没有年级的概念,你为什么要有呢?我在上学时,每个年级都挂科,多幸运啊。[笑声]为什么从年级去评判这个男孩呢?我们得去研究出一些与年级无关的东西,对吗?我们来设计一些原创性的东西，而不是照抄这个世界上现有的东西，这样会更精彩，不是吗？

施：先生，他有一个绝妙想法，就是引进一种非常好的制度，通过这种制度，我们能挖掘出孩子们身上真正的原创性。我们必须考虑这个。

克：原创性是什么意思？

施：如果我知道孩子对什么感兴趣的话……

克：不，不，把孩子放开。你看，你们都在观察那个孩子。你们的动力源自哪里？看，你们在三年级、八年级、十年级里教书，想做一个原创和独特的人，就要改变一切，找到另一种，一种与众不同的考试方式。我们能做到吗？先生们，我们来改变吧！别看上去那么沮丧嘛。［笑声］我知道我能打破这一切。如果我在瑞希山谷学校，我知道我能打破这种年级制度体系。首先要做的，就是把所有在瑞希山谷学校的老师召集到一起。如果我在班加罗尔学校，我也会做同样的事——把他们召集到一起，告诉他们这样很危险。因为你是在助长孩子心中的恐惧，让他理解未来会发生什么。所以我会把老师们都召集到一起，对他们说，"好，让我们来解决这个问题。我想要你们每个人都出主意，然后把这些主意集中到一起，丢掉那些荒谬的和自私的想法，就这样。我们现在一起来看看吧。"这就像是我们有了一个共同的孩子，你们明白吗？这不是你做一件事，我去反对这件事，或是我认为这件事该这么做，你却认为应该那么做，而是我们齐心协力共同去创造某个东西。你们能做到吗？你们会去做吗？这样我们才会有一个全新的开始。我相信美国的一些中学和大学一直在努力做到取消考试。我并不是说我们要取消考试，而是说要培养学生不再畏惧的心态。如果没有畏惧，就会有爱，所以就没有了二元论。[笑声]

阿弛：不知道能不能这样说，如果老师感觉这种考试制度限制了师生学习的范围，如果学校要去超越这些限制，那么你就会不知所措。我们有了一个突破，考试不再是每个人的梦魇。

克：当然了，你们会做吗？那是我想知道的。

阿弛：那才是重点。

克：多少年来，我们一直都在谈这个要命的问题。我们能否打破现行制度，创造一种新颖的制度？对我而言，重蹈覆辙是一件单调乏味的事。

拉贾斯：克里希那穆提先生，除非我们是像家人一样的团队……

克：你的工作就是要让他们觉得像在家里。

拉贾斯：这是目前的主要困难。

克：不是。

拉贾斯：这一直都是。

克：不，你觉得困难是因为你还没把这里当成自己的家。

拉贾斯：是的,但我现在说,这是我的家。

克：而且你还坚持认为，每个人都会把这里当作他自己的家，你要求每个人都把这里当作他自己的家。

拉贾斯：我至少现在没有要求别人这样想,我说了,除非我把这里当成家,否则这一切还只是纸上谈兵。

克：纸上谈兵，说的非常对。

拉贾斯：现在的困难是:你如何去创造出一个家?

克：你会如何做呢?

拉贾斯：如果围绕在我身边的都是爱出风头、争强好胜的人,我该如何把这里当成一个家呢？因为这对于那些人来说不是一个家呀。

克：这种情况你会怎么做呢?

拉贾斯：我不知道。

克：不要说你不知道。

施：先生,这是我们的责任。

克：当你说"我不知道"的那一刻，你对问题的思考就结束了。请深入地研究，我在这里有家的感觉，而你没有家的感觉，可我必须和你一起生活。

拉贾斯：是的,这就是现实。

克：这就是现实。那我该怎么办？把自己孤立起来吗？回到房间把门锁起来?

拉贾斯： 不。

克： 那我该怎么做？我想知道，为什么这个小伙子没有家的感觉呢？他是在等待机会，以便利用瑞希山谷学校为自己谋一个更好的工作吗？如果他是这样的，我就会跟他说："就算你来这里只有六个月，或只有两年，看在上帝的分上，把这里当作你的家，好吗？如果你想走，你就走吧。但在还没离开之前，请把这里当作你的家。"如果你对他说了这话，然后就那样做，把这里当成家就很好了。但如果你心想，"好啊，他两年之后就要走了，该死的……"，如果你坚持认为瑞希山谷学校、拉加哈特等地方处处都是你的家，你就会发现一切都不一样了。

马德拉斯

1983 年 2 月 10 日

参与讨论人员名单

K：吉度·克里希那穆提

AC：阿莱雅·夏里

AK：A 库马拉斯瓦麦

AM：阿洛克·马图尔

AP：阿驰·帕特沃德罕

E．W．A：E．W．阿德西卡拉姆

GN：G．纳拉扬

HP：哈沙德·帕雷克

KJ：卡比尔·杰西里塔

KPK：基肖尔 普．可汗纳尔

KY：克里希南·库蒂

PJ：普普·贾亚卡

PNS：普．N．施里尼沃茨

PS：帕德玛·桑特汗纳姆

Q：提问者

RB：拉德哈·布尔涅

RD：拉贾斯·达拉尔

RH：拉德西卡·赫兹伯格

RS：R. 尚克尔

RT：瑞贝卡·托马斯

SF：斯科特·福布斯

SP：桑安达·帕特沃德罕

图书在版编目(CIP)数据

切勿,庸人自扰之/(印)克里希那穆提著;董悦译.
--上海:华东师范大学出版社,2016
ISBN 978-7-5675-5470-2

Ⅰ.①切… Ⅱ.①克…②董… Ⅲ.①人生哲学—通俗读物
Ⅳ.①B821-49

中国版本图书馆 CIP 数据核字(2016))第 157834 号

华东师范大学出版社六点分社

企划人 倪为国

克里希那穆提系列

切勿,庸人自扰之

著　　者　(印)克里希那穆提
译　　者　董　悦
责任编辑　彭文曼
封面设计　崔　楚

出版发行　华东师范大学出版社
社　　址　上海市中山北路 3663 号　邮编　200062
网　　址　www.ecnupress.com.cn
电　　话　021-60821666　行政传真　021-62572105
客服电话　021-62865537　门市(邮购)电话　021-62869887
地　　址　上海市中山北路 3663 号华东师范大学校内先锋路口
网　　店　http://hdsdcbs.tmall.com

印　刷　者　上海中华商务联合印刷有限公司
开　　本　787×1092　1/32
印　　张　9.75
字　　数　131 千字
版　　次　2016 年 9 月第 1 版
印　　次　2016 年 9 月第 1 次
书　　号　ISBN 978-7-5675-5470-2/B·1028
定　　价　45.00 元

出版人　王　焰

(如发现本版图书有印订质量问题,请寄回本社客服中心调换或电话 021-62865537 联系)

Don't Make a Problem of Anything

By J. Krishnamurti

Krishnamurti Foundation Trust Ltd. ,

Brockwood Park, Bramdean, Hampshire SO24 0LQ, England.

E-mail:info@ kfoundation. org Website: www. kfoundation. org

For further information about J. Krishnamurti and the Krishnamurti foundations world-wide, please
visit: www. jkrishnamurti. org

Simplified Chinese Translation Copyright © 2016 by

East China Normal University Press Ltd.

Published under arrangement with Krishnamurti Foundation Trust Limited Brockwood Park, Bramdean,
Hampshire SO24 0LQ, England

ALL RIGHTS RESERVED

上海市版权局著作权合同登记 图字:09 - 2012 - 716 号